CHENGJIU NÜREN YISHENG DE MEILI YU ZIBEN

成就女人一生的
魅力与资本

赵红瑾　编著

光明日报出版社

图书在版编目（CIP）数据

成就女人一生的魅力与资本 / 赵红瑾编著 . -- 北京：光明日报出版社，2012.1
（2025.1 重印）

ISBN 978-7-5112-1893-3

Ⅰ . ①成… Ⅱ . ①赵… Ⅲ . ①女性—成功心理—通俗读物 Ⅳ . ① B848.4-49

中国国家版本馆 CIP 数据核字 (2011) 第 225298 号

成就女人一生的魅力与资本

CHENGJIU NUREN YISHENG DE MEILI YU ZIBEN

编　　著：赵红瑾

责任编辑：李　娟　　　　　　　　　　责任校对：朱立春
封面设计：玥婷设计　　　　　　　　　封面印制：曹　净

出版发行：光明日报出版社
地　　址：北京市西城区永安路 106 号，100050
电　　话：010-63169890（咨询），010-63131930（邮购）
传　　真：010-63131930
网　　址：http://book.gmw.cn
E - mail：gmrbcbs@gmw.cn

法律顾问：北京市兰台律师事务所龚柳方律师

印　　刷：三河市嵩川印刷有限公司
装　　订：三河市嵩川印刷有限公司
本书如有破损、缺页、装订错误，请与本社联系调换，电话：010-63131930

开　　本：170mm×240mm
字　　数：195 千字　　　　　　　　　印　　张：15
版　　次：2012 年 1 月第 1 版　　　　印　　次：2025 年 1 月第 3 次印刷
书　　号：ISBN 978-7-5112-1893-3

定　　价：49.80 元

前　言

女人是世界上最亮丽的风景。每个女人都有专属于自己的魅力，也都具有自己独特的资本。

魅力决定着女人在公众心目中的形象并影响他人。尤其是在当今社会里，各个领域的竞争趋于白热化，女性的经济独立在某种程度上决定着她们的人格独立，人格魅力更是现代女性在生活中的各个领域取得成功的前提。

对于女人来说，性格决定魅力。性格是与生俱来的，但并不是不可改变的。每个女人都可以通过后天的努力去完善性格中的不足，使自己成为一个具有完美性格魅力的有品位的女人。

气质是女人生命中最美丽动人的风景。女人再漂亮，如果没有气质，就如一朵枯萎的鲜花，只见色彩却不闻馨香；相反，相貌平凡的女人，一旦有气质作为支撑，便立刻神采飞扬起来，这就是女人气质的魅力。

女人选择时尚是一种能力，倘若你创造了时尚，你便成为经典。现代女人有着更多的追求时尚、制造时尚、解释时尚、拥有时尚的机会和力量，时尚具有无穷的魅力，它会让你成为一个与时俱进的完美女人。

健康是头等的财富，只有自己拥有健康，才能拥有人生的一切。对于女人来说，健康就是美丽的底蕴，只有用健康标签才能封存女人的美丽，让魅力纵横于岁月。

要做一个有魅力的女人，就不能不在人际交往上做到收放自如、张弛有度，而微笑、优雅的风度、社交礼仪、仪态美等都是女性社交魅力的最好体现。

新时代必有符合这个时代的新观念，新时代的来临带给女人的是深深的思索，是不尽的机遇。女人在保留温柔个性的同时，应有意识地发挥人性的力量，寻回自身大胆率真的本性，做这个变革时代的主人。

今天，女人成功的机会比任何时候都多得多。对绝大多数女人而言，她们并非缺少实现幸福的愿望，而是不懂得怎样去实现。如果女人善于培植和发掘自己的能力并能找到适合自己能力成长的土壤，那么女人会比男人更易成功，而女性独有的优势、良好的心态、聪明的才智、处世的能力以及财富的拥有，正是成功女人的标志。成功的女人懂得如何利用这些优势，最大限度地展示和彰显自己的魅力，淋漓尽致地发挥作用，用魅力和智慧掌控自己的命运并获取成功，最终成为幸福一生的赢家。因此，作为一个女人，如果你想实现自己的梦想，就要善于发现自己的优势，使用自己的优势。

本书分为"魅力篇"和"资本篇"两部分，在"魅力篇"中主要从女人的性格、气质、时尚品位、健康、社交等五个方面揭示现代女性的魅力特点；"资本篇"则主要从女人的气质、心理、才智、处世、财商、婚姻、职场等七个方面，讲述现代女性获取成功的必备要素。

做一个女人难，做一个有魅力的女人更难。女人的魅力就是女人的优势，女人的魅力无穷，女人挑战生活的优势也就更多。

本书就是帮助广大女性朋友迅速提升个人魅力、打造成功资本、赢得幸福一生的得力助手。

目 录

魅 力 篇

第一章　女人的性格魅力——完美女人的前提

第二章　女人的气质魅力——永恒的诱惑

第三章　女人的时尚魅力——提升你的品位

第四章　女人的健康魅力——让女人受益一生

第五章　女人的社交魅力——尽情展示女性风采

目　录

资　本　篇

第六章　女人的气质资本——让你战无不胜

第七章　女人的心理资本——获得成功的基础

第八章　女人的才智资本——掌握你的命运

第九章 女人的处世资本——你是人脉高手

第十章 女人的财商资本——让你的自信拥有源泉

第十一章 女人的婚姻资本——如鱼得水,享受人生

第十二章 女人的职场资本——你可以做得更好

魅 力 篇

第一章

女人的性格魅力
——完美女人的前提

温柔：魅力女人的终极武器

谈起"温柔"，人们总是给它插上自由飞翔的双翅，把它喻为闭月羞花、沉鱼落雁、轻歌曼舞、雅乐华章，还有人把它喻为最纯洁的"水"。水——那一汪汪清冽粼粼、莹莹的水，是那么的明净透彻、可亲可爱，多少人为它发出了由衷的感叹，多少人对它表示了惊喜的礼赞——温柔之美啊！美就美在柔情似水。著名学者朱自清在《女人》一文中对女性的温柔作了绝妙的描绘："我以为艺术的女人第一是她的温醉空气，使人如听着箫管的悠扬，如嗅着玫瑰的芬芳，如躺在天鹅绒的厚毯上。她是如水的蜜，如烟的轻，笼罩着我们。我们怎能不欢喜赞叹呢？……"由此可见，女性品格的这种温柔的美，是多么的令人陶醉，多么的令人沉湎，多么的令人神往！

女人最能打动人的就是温柔。当然，这种温柔不是矫揉造作，温柔而不做作的女人，知冷知热、知轻知重。和她在一起，内心的不愉快也会烟消云散，这样的女人是最能令人心动的。

一个女人站在面前，说上几句话，甚至不用说话，你就能感觉出这个女人是不是温柔。这种女人味与年龄无关，甚至与外表也没有特别大的关系。

"现在的女孩子都一副咄咄逼人的样子，一点儿也不温柔！"经常可以听到一些男士对现代女性发出类似的怨言。的确，与过去的女性相比，有些现代女性很少有柔顺体贴、小鸟依人的了。取而代之的，是作风像男性、满不在乎的所谓"新潮女性"。对于男士的"悲叹"，你可能会柳眉倒竖、杏眼圆睁、气势汹汹地反驳："时代不同了，现在我们可是和男人'平起平坐'的。你大学毕业，我还念过研究生呢；你月收入三千，我还年薪五万呢！我干吗对你百依百顺，做出一副可怜兮兮的'柔弱'状？"

这些话虽然言之有理，但是不论中外，雄性都是代表阳刚，雌性则代表阴柔，有学问、有能力的女性固然令男士倾慕，但也不应该因此而失去女性特有的温柔。

所谓女人味，是指那种看起来含蓄、优雅、贤淑、柔静的女人的味道，也是一种令一般男性不可抗拒的力量。尤其是处于保守的东方社会，男人所期望的仍然是富有母爱温柔的女性，如果女性的行为太开放、言语太大胆，只会令男士们望而却步。

在生活中，男性的严肃常常显示出一种深沉、成熟、沧桑、刚毅之美，而女性的严肃则更多地给人以冷漠、严厉的感觉，甚至会得到"不像个女人"的评价。观察你身边的女人，你会发现讨人喜欢、人缘好的往往不是那些"冷面美人"、"病态西施"，而是那些面相随和、温柔的女性。即使她的五官不精致，身材欠婀娜，但她洋溢着善良与爱心的神情气质，却能给人一种精神上的美感和情感上的抚慰。因为人是有思想的，需要的是鲜活生动的、感情上的相互交融与关爱。对于女性，人们期待的更多的是一种蕴含着母爱的美，这是一种崇高的美。这种美能够弥补先天的缺憾，使年轻的女性可爱，年老的女性伟大。

温柔是女人的终极武器，哪个男人不愿意被这样的武器击倒？温柔有一种绵绵的诗意，它缓缓地、轻轻地蔓延开来，飘到你的身旁，扩展、弥散，将你围拢、包裹、熏醉，让你感受到一种宽松，一种归属，一种美。

温柔是女性独有的特点，也是女性的宝贵财富。如果你希望自己更完美、更妩媚、更有魅力，你就应当保持或挖掘自己身上作为女性所特有的温柔性情。

那么，在日常生活中，女性怎样才能让自己的表现更温柔更有魅力呢？你可以从以下 7 个方面来培养并释放自己的柔性魅力。

1．通情达理

这是女性温柔的最好表现。温柔的女性对人一般都很宽容，她们为人谦让，对人体贴，凡事喜欢替别人着想，绝不会让别人难堪。

2．富有同情心

这是女性的温柔在为人处世方面的集中表现。对于老、弱、病、残、幼及境遇不佳者，女性都应表现出应有的同情，并尽自己最大的努力去帮助他们。

3．吃苦耐劳

这是东方女人的传统美德，特别表现在家庭生活方面。已婚女人要相夫教子、孝敬长辈、勤俭持家，同时还要兼顾自己的工作，这就更需要女人有吃苦耐劳的精神。

4．善良

就是要有爱心，对人对事都抱着美好的愿望，乐于关心和帮助别人。对家人，尤其是子女要表现出更多的关爱。

5．性格柔和

温柔的女人绝对不会一遇到不顺的事就暴跳如雷或火冒三丈。以柔克刚，这是温柔女人的最高境界。

6．温馨细致

让人心动的不只是一个女人做出了多么惊人的业绩，更多的情况下，是女人那种适时适地的细心关怀和体贴，最能叫人怦然心动。和她一同出门时，你吃东西弄脏了手，她将备好的纸巾递上；衣服扣子掉了，细心的她正好带着针线……这些细微之处充分体现了女人难以抗拒的温柔魅力。

7．不软弱

温柔绝不等于软弱。温柔是一种美德，是内心世界力量和充实的表现，而软弱则是要克服的缺点，二者不可混淆。

总之，温柔可以体现在各个方面，在聪明女人的生活领域，处处都能体现出温柔的特征。而且值得回味的是，女性的温柔不但能够超越国家民族的界限，把它的芳香洒向世界各地，而且还可以突破时间年龄的约束，永远贯穿于每个女性的一生。

女性正是依着自己那千种柔情、万般妖娆的温柔性格，才给男士开辟了一个可以置身于其中的温馨世界，从而达到了爱情生活的美好和谐；才给男士创造了一个可以感受其内在的审美对象，女性从而在同阳刚之美的对立统一中，看到了自身存在的价值，使自身的美感境界得以自由伸展和全面升华。

所以作为一个现代女性，不仅要保留自己独立的个性，也要保留那传统的温柔之美，这会让你受益无穷，也是你一生的魅力所在。

独立：精品女人的必备要素

独立是精品女人的必备要素，几乎所有的都市女人都认可了这一观点：人格独立才算精品女人。在事业上有主见，不受他人摆布；在生活上有自己的圈子，不会因脱离男人而孤独。独立是一种很高的境界，它需要高素质的心态和全新的价值观。

女人的独立既包括物质上的独立，还有精神上的独立。这种独立不是世俗意义上那种"女强人"的不可一世的特立独行，而是拥有自己的生活空间、内心感受和表达方式。

有工作的女人在物质上有独立感，这种感觉能使她们的精神独立有相对坚实的地基。但不少女人在经济上仍依赖男人，而不少男人也以此自傲，把女人视为自己的私有财产，甚至轻视女人。尽管没有社会工作，但持家也是一种职业、一种奉献。如果男人在外面打拼有工资，那女人持家也应有报酬。以往人们总把家庭的生活费视为对女人的报酬，这是不对的。生活费只是一种家庭必需的成本，它没有在经济上体现持家女人的价值。关心和尊重女人不是一句空话，男人应主动量化女人持家的价值，并愉快地付给这笔象征着对女人价值尊重的工资。千万不要小看这个程序，这是女人走向物质独立的关键。女人有这种独立感才会有尊严，男人在有尊严的女人面前才会有重视。女人如果缺少这种独立感，那么男人对这种女人就不会有长久好感，甚至会背叛。所以，女人首先一定要在物质上、经济上保持独立，那样才会有持久的魅力。

相对于物质独立来说，女人的精神独立更为重要，因为男人活在物质中，而女人却活在精神里。女人的精神是无比神秘和无比丰富的诱人世界，女人精神的独立是对自己的确认。当女人的精神世界被别人支配时，这个女人就会十分悲哀。女人可以在自己的精神世界里建立起一个美好的王国，当她自豪地感觉到自己就是这个王国的女皇时，就会在现实生活中找到自信。女人的精神独立还体现在她的思想是受自己支配的，而不会为别人盲目修改自己的行为。有个女人爱上了一个她感觉极好的男人，由于感觉太好，她想让其他女朋友分享她的感觉，于是她去征求她们的意见。朋友都认为：这么好的男人一定会有很多女人追，将来很难说他能挡得住诱惑。分析的结论是这种男人没有安全感，不值得交往。于是她和这个男人分手了，但又长期痛苦。后来听说她认识的另一个女孩和他结婚了，她却十分生气。

像电视剧《不要和陌生人说话》中女主人公的遭遇，观众一方面哀其不幸、恨其不争，一方面牵挂着她的命运，期盼着她能够自强起来。这种典型的家庭暴力，无疑是对女人精神不独立的最大嘲讽。而女人，你为什么不反抗？是因为爱么？难道一个爱字，就应该让女人放弃最基本的做人的尊严么？所以说精神独立对女性来说确实是很难做到的。

女人精神的动摇是一种不独立的表现。还有很多女人都像得了"预支恐惧症"，一接触男人就想将来可不可靠。越想越不对，明明现在有很好的感觉，一下就恐惧了。其实生命的意义就在此时此刻的分分秒秒，如果你对一个人的感觉好，就应该跟他去共同营造更好的感觉，哪一天不好了，再与他分手也不迟。有些女人总认为恋爱就必结婚，假如中途分手就觉得丢人，多几次分手更是坐立不安，怕别人议论，这是一种不成熟的想法。你分不分手是你个人的区区小事，完全不必在意别人的反应。女人，一定要学会在精神上独立。精神独立的女人才能真正地坚强和自信起来，即使面对变幻无常的社会，她们也不会丢掉自己的微笑。

说到底，女人独立自主的意识，最终决定了女人的独立。

独立的女人虽然没有小鸟依人的可爱，楚楚动人、惹人怜爱的泪眸，但是她风风火火的行事作风，敢作敢为的勇气，同样也有让人眼前一亮的风采。

独立的女人虽然没有温室花朵娇艳的外表，但是她是一株站立在山间临风摇曳的野菊花，在风雨霜露之中，总是披着它墨绿色的外衣，顶着淡紫色，并且拥有美丽的心情，迎着凉爽的秋风唱着属于自己的情歌。

这样的女人拥有广阔的心胸、高瞻远瞩的目光。她们也许没有临渊羡鱼而后叫男人下水的情趣，但是她们懂得"退而结网"的道理，她们懂得用自己的双手规划自己的未来。她们懂得"靠山山倒，靠水水枯"的道理，她们学会用自己手中的笔，在蓝图上描绘自己将要创造的山水。

独立的女人更具自主和自尊，也更具有魅力。因此，如果想成为有持久魅力的女人，一定要树立独立自主的意识，并采取相应的行动。

人没有脊梁将无法直立行走，女人不想做藤的话，就独立吧——因为它最美。

善良：魅力女人的底线

有人曾说："女人的美德，应首推善良的心灵。"试想想，一个女人如果心胸狭窄、心地险恶的话，她的外形、声音再女性化，男人也不会长久地欣赏她的。即便开始他或许会迫不及待地追求她，但一旦认清她的"庐山真面目"，就会避而远之。

而与一个善良的女人相处，男人不仅无须戒备，而且会特别放松，时不时还会被你的美德善行所感动，除爱情之外，更对你有一份敬意。这样彼此敬爱交织、敬爱有加，便铸就了双方感情的铁打江山。

善良，主要体现在对弱者的同情和对处于困境者的支援。在大街上经常会看到一些女人，遇到乞丐，总会送上一元几角；看到行动不便的老人、残疾人，有需要时便上前搀扶一把。如果看看伟人的传记，往往就会发现：伟人的母亲都是特别善良，特别乐善好施的女人。毛泽东的母亲在韶山冲是出了名的善人，人称"活菩萨"。

善良的女人，不仅能够做到"己所不欲，勿施于人"，而且还会设身处地为对方着想。如有一位在广州工作并成家的男士，一次突然接到住在广西农村老家父母的信，信中说："家中房屋被洪水冲塌了，好在你及时寄钱来，现在房屋已重新建起来了。"接到这样一封信，他觉得懵然，因为他不知道家乡遭了灾，更没有寄过钱回去。一问妻子，她才说："是我接到的信，就汇款过去了，也忘了告诉你。"她的这一举动，使丈夫感动不已：有妻如此，夫复何求？于是，他在心中暗暗发誓：以后一定好好珍惜这样的爱妻。

善良是魅力女人的底线。只要你有一颗善良的心，便是夫妻关系的良性循环，家庭关系的良性循环，社会人际关系的良性循环，最终你自己也会获益良多，处于丈夫疼爱、子女敬爱、亲戚朋友关爱的融融乐境之中。这样的女人自然是幸福而富有魅力的。

自信：使女人魅力一生的资本

有内涵的人自然有一种气质，这种气质就来源于自信。

自信的女人，总是精神焕发、昂首挺胸、神采奕奕、信心十足地投入到生活和工作当中去。

自信的女人不惧怕失败，她们用积极的心态面对现实生活中的不幸和挫折，她们用微笑面对扑面而来的冷嘲热讽，她们用实际行动维护自己的尊严。这一切都淋漓尽致地表现出自信者的气质，一种坦诚、坚定而执着的向上精神。

自信的女人，不会整天张狂霸气，高呼女权至上。超越男人的方法，不是把他们的霸权还给他们，而是活得跟他们一样舒展、自信；也不是整天向男人发出战书，和谐、平等和互助的两性关系，才是社会进步的动力。

美貌可使女人骄傲一时，自信却可使女人魅力一生。

或许你没有超群的外貌，但是你不能没有自信。自信使人产生魅力，自信使人变得美丽。

一个有魅力的女人，无论她走到哪里，常常会成为男人注目的焦点，女性羡慕或嫉妒的对象。有些女人认为魅力是天生的，与己无缘，因为自己长得不漂亮，身体不苗条，又没有高档的服饰包装，一辈子也别奢望拥有它。其实，每个女性都有属于自己的那一份魅力，只是因为你太自卑，太缺乏自信，以致使你的优点、长处、潜在之美得不到挖掘和展示罢了。

也许你确实相貌平平，甚至有点丑、有点缺陷，其实世间又有多少女人称得上"天生丽质"呢？常言道："金无足赤，人无完人。"容貌、体态、性感、化妆、服饰，并非女性魅力的全部，也并非女性魅力的决定因素。气质、智慧、才华、技能等内在之美，也许更能使女人具有永久的魅力。能写一手好字，说一口流利的英语，电脑操作技术娴熟，等等，由之而产生的巨大魅力，也常常会倾倒众人。

即使你的容貌远远达不到所谓的"佳人"，才华也远远达不到所谓的"才女"，只要你努力做到自信、自爱、自强，也仍然可以寻求到那一份属于你的魅力。赵传的一曲《我很丑，可是我很温柔》，唱出了多少人的心声。因为温柔、细腻、大方、善良、宽容，以及待人彬彬有礼、通情达理，以真诚和友谊对待周围的人，用爱心和热心帮助不幸的人，以坚强迎接生活中经受磨难的人，为人落落大方，适时地自然微笑的女人，都具有无穷的魅力，且给人的印象更深刻、更美好。

值得一提的是，充满自信的女人，如能于闲暇之际积极投身于体育锻炼，练出一副洋溢着青春活力的健美体魄，何尝不具有女性魅力？

即使你是一个非常平凡的女人，只要你对生活充满信心，在人生的舞台上，定能焕发出你那一份女性的魅力光彩。

人生有很多需要自信的时候，在那些时刻，不同的选择就代表了不同的未来。对女人来说，更要勇于面对，因为这个社会属于女人的机会并不多。自信心往往可以产生想象不到的力量，就像一种看不见的力场。当一个女人拥有了自信，她就会发出不同一般的光彩。

那么，女人要如何才能培养自信心呢？

1．挑前面的位子坐

在教学或教室的各种聚会或者是会议室的会议中，后排的座位总是先被坐满。为什么呢？因为大部分占据后排座的人，都希望自己不会"太显眼"，而他们怕受人注目的原因就是缺乏信心。

坐在前面能建立信心。不妨把它当成一个规则试试看，从现在开始就尽量往前坐。当然，坐前面会比较显眼，但要记住：有关成功的一切都是显眼的。

2．练习正视别人

眼睛是心灵的窗户，一个人的眼神可以透露出许多有关她的信息。要想让你的眼睛为你工作，你就要用你的眼神正视别人，这不但能给你信心，而且能为你赢得别人的信任。

3. 把你走路的速度加快 25%

身体的动作是心灵活动的结果。一般情况下，懒散的姿势、缓慢的步伐代表着一个人工作、情绪上的不愉快。心理学家认为：借着改变走路的姿势和速度，可以改变心理状态。那些表现出超凡信心的人，走路的速度比一般人都会快一些。她们的步伐当中传达出一种信息：我很忙，我很自信，我很快就会成功。因此，试着让自己的步伐加快一点，你就会感到自信心在滋长。

4. 练习当众发言

语言能力是提高自信心的强化剂。一个人如果能把自己的想法或愿望清晰明白地表达出来，那么她内心一定具有明确的目标和坚定的信心。同时她充满信心的话语也会感染对方，吸引对方的注意力。

5. 开怀大笑

笑是医治信心不足的良药。笑能给人增添信心，能去除内心的惶恐，还能激发你战胜困难的勇气。真正的笑不但能治愈自己的不良情绪，还能化解别人的敌对情绪。如果你真诚地向一个人展露微笑，那他就不会再对你生气了。笑就要笑得开，半笑不笑是没什么用的，要开怀大笑才能有功效。所以，女人要学会控制，运用你笑的能力。

6. 怯场时，不妨说出实情

当你怯场时，不妨把内心的变化毫不隐瞒地用言语表达出来。这样一来，不但可将内心的紧张驱除殆尽，而且也能使心情得到意外的平静，这就是坦白的效果。

7. 使用肯定的语气

不同的语言可将同一件事实，形容成有如天壤之别的结果，而且也给人以不同的心理感受。肯定的语气能让人心情愉快，而否定的语气则会让人产生自卑感，损害一个人的心理健康。可见语气措辞是任何天才都无法比拟的魔术师。在任何情况之下，只要经常使用肯定的措辞或叙述法，就可以将同一个事实完全改观，使人驱除自卑感，从而享受愉快的生活。

8. 自信培养自信

一个人如果缺乏自信时，一直做些没有自信的举动，就会越来越没有自信。

所以缺乏自信时更应该做些充满自信的举动。缺乏自信时，与其对自己说没有自信，不如告诉自己是很有自信的。为了克服消极、否定的态度，我们应该试着采取积极、肯定的态度。如果自认为不行，身边的事也抛下不管，情况就会渐渐变得如自己所想的一样。自信会培养自信。一次小成就会为我们带来自信，如果一下就想做伟大、不平凡的事而不能顺利实现，就会愈来愈没有自信。

9. 做自己能做的事

做自己做得到的事时，个性就会显现出来。心智发育成熟的人，会向往自己能够做到的事，不成熟的人往往会不断采取自我中心的态度，从而迷失了此时此地自己应该做的事，最终一事无成。所以，与其极欲恢复自我的形象，不如找出现在可以做的事。知道应该做的事，然后加以施行，一步一步地达到目标，这样会使人产生信心，从而带给人实现最终目标的动力。总之，要试着记下马上可以做的事，然后加以实践，没有必要非是伟大、不平凡的行动，只要是自己力所能及的事就足够了。

宽容：女人最有魅力的财富

大海因为能够容纳百川，所以可以成为浩瀚的海洋。莎士比亚忠告人们说："不要因为你的敌人而燃起一把怒火，灼热得烧伤你自己。"富兰克林说："对于所受的伤害，宽容比复仇更高尚。因为宽容所产生的心理震动，比责备所产生的心理震动要强大得多。"如果自己能够宽容别人，不但自己能够及时释放心理垃圾，而且别人也能够因此而宽容自己，同时与自己友好相处。假如别人伤害了自己，千万不要只会怨恨，关键是要学会宽容，并避免被别人再次伤害。心胸太狭窄，绝对是一件坏事。报复心太强烈，只能害自己。宽容别人不仅是自己的一种美德，更是让自己健康长寿的秘诀。愤怒是毒药，宽容是良药。

所以，女人应该学会宽容。

宽容是一种非凡的气度、宽广的胸怀，是对人对事的包容和接纳。女性的宽容更是一种高贵的品质、崇高的境界，是精神的成熟、心灵的丰盈。宽容是一种仁爱的光芒、无上的福分，是对别人的释怀，也是对自己的善待。宽容是一种生存的智慧、生活的艺术，是看透了社会人生以后所获得的那份从容、自信和超然。

学会宽容能使自己保持一种恬淡、安静的心态，去做自己应该做的事情。整日为一些闲言碎语、磕磕碰碰的事情郁闷、恼火、生气，总去找人诉说，与对方辩解，甚至总想变本加厉地去报复，这将会贻误自己的事业，失去更多美好的东西。女人要成为一个生活的强者，就应豁达大度、笑对人生。有时一个微笑，一句幽默，也许就能化解人与人之间的怨恨和矛盾，填平感情的沟壑。

学会宽容是一个女人成熟的标志。宽容的人常常表现出勇于承担责任的作风，如果肯检验一下自己，就可以从失败和差错中找到自己所应负的责任。当一个人心平气和的时候，才可能保持清醒的头脑，找出失败的原因，采取克服差错的有效措施，以便更加努力地工作。

宽容，首先表现在处事上不愤世嫉俗、不感情用事。

生活中，确实存在很多矛盾和困难：物价上涨，住房拥挤，人际关系紧张，还有这个"难"，那个"难"，真让人有点喘不过气来。诅咒、谩骂、生闷气都无济于事，倒给疲惫的身躯又增加了几分新的负担。只要冷静观察，就会发现人们的生活本来就是苦、辣、酸、甜、咸五味俱全。在生活中，"看不惯"的很多，理解不了的也很多，失望的也很多。但人的能力毕竟是有限的，愤世嫉俗不会改变事态的发展，不会使关系缓和。所以，首先应当适应事件的发展，在适应中发现"破绽"，掌握改造的契机和应知应会的本领，而不是游离其外去指手画脚。这就是一种宽容的表现，人要顺利走完生命的旅程，就离不开宽容。

其次，宽容体现在对别人的不苛求，"但能容人且容人"。每个人都有自己的思维、工作、学习、生活习惯，既有其长处，也有其短处。在社会生活中，人们总要同各种各样的人打交道。所以，为了生存和发展，为了事业的成功，我们必须习惯于人际交往，善于同各种各样的人，特别是同能力、天赋等各方面不及自己或脾气秉性与自己不同的人友好相处、协调共事。就是对于有各种各样的缺点和毛病的人，我们也应注意发现其所长，尊重其所长。

如果你只注意到别人的缺点，就容易使自己陷入孤立无援的境地。相反，换个角度，多注意别人的好处，用理解、同情和爱心去影响别人，使他既能认识自己的缺点，又能心悦诚服地改正，你就会处处碰到信赖和爱戴自己的朋友和下属，你的人际关系也会因此得到很好的发展。

给人面子，既无损自己的体面，又能使人产生感激和敬重之情。

不计较小事，不苛求别人，会为你赢得更多的时间和精力。

胸襟广阔，能容人容物是现代女性追求的境界，因为大度和宽容能给你带来太多的好处。

当然，宽容不是无条件的，绝对的要因人、因事、因时、因地而异，对于挑拨是非、两面三刀、落井下石、陷人于罪、背信弃义的小人，和对违法乱纪、胡作非为、兴风作浪、不知悔改的恶人，是不宜讲宽容的。所谓"大事讲原则，小事讲风格"，即是应取的态度。

处处宽容别人，绝不是代表软弱，绝不是面对现实的无可奈何。在短暂的生命历程中，学会宽容，意味着你的心情更加快乐，宽容可谓女人一生中最有魅力的财富。

女人性格自测

计算方法：先将女人的名字转换成拼音，再依照"拼音符号对照表"所列的数字，合计出名字的合计数，再用这个合计数的末尾数字就可以对照出是属于什么水果的了。如果算出的结果为 10 或末尾数为 0 的话，就属于第 10 种"杧果型"。

举例："姚建静"转换为"yao jian jing"＝1+1+3+2+2+1+3+2+2+3+1＝21，末尾数为 1，属于"苹果型"。

拼音符号对照表：

a	b	c	d	e	f	g	h	i	j	k	l	m
1	2	2	2	2	3	1	2	2	2	2	1	2
n	o	p	q	r	s	t	u	v	w	x	y	z
3	3	3	3	3	2	2	2	2	1	3	1	2

水果类型：

末尾数 1= 苹果　　末尾数 2= 荔枝　　末尾数 3= 水蜜桃

末尾数 4= 橘子　　末尾数 5= 葡萄　　末尾数 6= 香蕉

末尾数 7= 草莓　　末尾数 8= 菠萝　　末尾数 9= 猕猴桃

末尾数 0= 杧果

1. 苹果女人：白皙红润的肌肤是迷人的地方，就是胖胖的也很可爱，不是吗？情感深厚且温和，让周遭的人备感温馨。喜欢小孩，又会做家事，有可能成为十足的好妈妈。由于性格比较保守，因此衣着打扮倾向成熟的职业装，比较易得到年纪比自己小的男子的信赖。善于理财，精打细算的头脑，像是装了电子计算机。做事认真且专注，是个受到称赞拼命实干的职员。不背叛另一半，对感情诚恳忠实，持中庸之道，享受平稳的人生。苹果女人一般女友较多，外遇少。就像电车，绝对很少出轨。她们很少有石破天惊的爱情，平淡的生活也许让她感觉婚姻像是闷罐车，所以夫妻会在争吵中稳固关系。切记：偶尔跨出保守，尝试良性的冒险。

2. 荔枝女人：是最懂得享受的女人。富有艺术家气质并天生就懂得如何把自己的独特气质散发出来的荔枝女人，是红色的法拉利，最好看了，实用吗？不知道。荔枝女人一生难逃曲高和寡的人生际遇。她出众但很少从众，无论在服饰打扮还是思想意识上都是如此。善于整理事物，是个要求严苛的人，有相当严重的洁癖，是免洗马桶坐垫的忠实使用者。讨厌不爱干净的男人。因此，有许多是单身贵族。在交友和爱情上，坚守宁缺毋滥的原则。终于等到了属于自己的那杯爱尔兰咖啡，她会一直品下去。切记：聪明反被聪明误。

3. 水蜜桃女人：水蜜桃女人是发嗲和撒娇的高手。如果她想买件貂皮大衣，男人不答应，她就来个软硬兼施，不达目的绝不罢休！当软的失效，硬的上场，外加点儿咬一咬、打一打、拧一拧的动作，直到男人乖乖地点头为止。水蜜桃女人是最有心机、心计的女人，她们像诡计多端的蜘蛛，精心地编织女性温柔的陷阱，捕获的猎物锁定那些能给她们生活品质升级的男人。她像出租车，到处乱停，搭乘她的车记得买单就可以了。而脚踩多条船是水蜜桃女人的特长，能够把感情同时分给好几个人，真是小花心一个。所以经常上演没有结果的爱情短篇！看似浮萍的水蜜桃女人，绝对不会因对方的猛烈求婚而贸然答应婚事。在选择结婚对象时，会倾向挑选有经济基础的，渴望结婚后过上衣食无忧的全职太太生活。切记：可以孤独，但勿封闭。

4. 橘子女人：个性明朗、开放的橘子女人，脸上总是浮现出阳光般的笑容，120的开朗度和自信度让她不管走到哪里，都能成为最受瞩目的焦点，结交一堆的朋友。她是观光车，和她在一起有时像度假般轻松，有时又像坐疯狂过山车一般刺激。便服也好、盛装也罢，随意打扮都能出彩儿。她不是时尚先锋，但却始终懂得在自己身上点缀一两点流行元素，不要那么多，只要一点点酸酸甜甜的橘子女人是最具野蛮女友（太太）潜质的女人。因为可爱，所以野蛮，让男人欲罢不能。聚会中常会有恋情发生。忽冷忽热没定性的心，只有三分钟热度的嗜好一大堆。切记：爱慕虚荣，喜欢被人宠着，若不收敛些，有可能失去朋友或者成为同事妒忌的对象！

5. 葡萄女人：柔和的葡萄紫色，代表着关心，给人安全感；而葡萄的一粒一粒代表着一点一滴、无微不至，虽不起眼，却叫人回味深长。是随着年龄的增长越来越丰富的女人，天生的乐天派，认为明天永远比今天好。青春对于她是酸涩的，自信和快乐是随着岁月的增长而弥增的。她知道在自己最好的时候选择一份成熟的爱情，然后坚定地将爱情进行到底。她们一般都晚婚，即使结婚也像在谈恋爱。葡萄女人是公共汽车，按时发车、到站停车。聪明敏锐，充满求知欲。即使结婚生子，同样对自己的事业和爱好保持一份好奇与恒心。表面上看她圆润、水灵，其实有自己的内涵，那就是一份游刃有余的事业。一个爱她的丈夫，一个可爱的孩子，一份游刃有余的工作构成她三足鼎立的完满人生。切记：自满。

6. 香蕉女人：香蕉黏糊，保鲜期短，容易腐烂。香蕉女人依赖性强，独立性差。她是自行车，你不踩，她准停下来。凡事总爱依赖别人，不自己决定，有时会成为别人的大包袱。她们一般从父母手里挣脱后就来到了丈夫手里，一生跨不出3门——父母家门、夫家门、墓地门。她们通常胆小怕事。婚姻是她生活的支点，那个男人是杠杆。命运好的话，找到一棵大树一样的男人安度一生；际遇不好的话，丈夫中途另有新欢让她"下车"，她不是寻死觅活就是沦为新怨妇。香蕉女人青春期短，更年期长。一生缺乏安全感。切记：独立自主，自力更生。

7. 草莓女人：草莓女人有自信，具魅力，爱做梦，是圣诞老人的马车。

打从心底里相信并追求完美的爱情。感受性很丰富而且善于编织美梦，所以容易让自己沉浸于象牙塔中。切记：你的缺点是没有耐性，因为一直支持着你的是抽象的自信心，所以一旦事情的发展无法如预期般进展时，就会突然中断放弃。

8. 菠萝女人：菠萝女人体态丰腴，令人不知不觉地想忆过去。黄色的菠萝加上绿色的叶子，大概没有人会说不好看，但是菠萝周身都带刺，要叫人小心翼翼。远观无害，近有伤。菠萝女人是碰碰车，为人处世十分讲究原则和分寸。菠萝女人的婚姻观是追求自由，相互尊重，多给对方一些空间。对菠萝女人来说，婚姻是一种甜蜜的负荷。因此菠萝女人痛恨那种处处注重长幼有序的关系，骨子里有一种颠覆传统的叛逆气息。切记：过度的自我保护可能错失爱的机缘。

9. 猕猴桃女人：猕猴桃英文是kiwifruit，用粤语翻译过来是"奇异果"的意思。她们通常外柔内刚，平凡的仪表下掩藏着一颗不平凡的心。如果不是主动出击，她们很少能得到理想的爱情。他娶她的时候有些不那么情愿，但婚后才发现是"手里的宝"。猕猴桃女人旺夫，她一边操持家务，一边为丈夫出谋划策，让丈夫的事业在她的协助下螺旋上升、蒸蒸日上。这个相貌普通，不化妆、不美容也不减肥的女人可以把一个工薪阶层的家过得有声有色。猕猴桃女人是人力车，实惠踏实。切记：自卑是你一生的敌人。

10. 杧果女人：杧果的样子实在可爱，但吃到最后发现实在是肉少核大。杧果女人要么本身就强，要么自己要强，独立意识浓厚甚至有些刚愎自用。她们雷厉风行，是事业的宠儿，敢与男人在商场上拼杀，无论在工作、生活上都要争取第一最好。是主动买单的女人，恋爱过程中她们会不吝于倒贴，适合姐弟恋。容易发怒。不屑的眼神和那张喜欢挖苦别人的嘴，常使得周遭的人被那如机关枪般发射出来的言辞打得稀里哗啦。杧果女人是凯迪拉克轿车，没有一定信心、耐心和实力的男人甭想踏上她的客船。她在建构自己的婚姻生活时，常按照自己的理想来选择结婚对象。婚姻生活中充满了冷静和原则。切记：减少情绪风暴发生的次数，你的人生更美好。

第二章
女人的气质魅力
——永恒的诱惑

气质是女人美的极致

女人的美丽，已经被人们无数次地讴歌和赞美，文人骚客为此差不多穷尽了天下的华章。其实，在美丽面前，诗歌、辞章、音乐都是无力的。无论多么优秀的诗人和歌者，最后都会发出奈美若何的叹息！美丽的女人人见人爱，但真正令人心仪的永恒美丽，往往是具有磁石般魅力的女人。那么，什么样的女人才具有魅力呢？三个字：气质美。

气质是女人征服世界的利器，就如同一座山上有了水就立刻显现出灵气一样。一个女人只要插上了气质的翅膀，就会立刻神采飞扬、明眸顾盼、楚楚动人起来。

著名化妆品牌羽西的创始人靳羽西说过："气质与修养不是名人的专利，它是属于每一个人的。气质与修养也不是和金钱权势联系在一起，无论你是何种职业、任何年龄，哪怕你是这个社会中最普通的一员，你也可以有你独特的气质与修养。"

那么，现代的女性应具备哪些气质呢？

1. 人格之美

女性气质的魅力是从人格深层散发出来的美，自尊、自爱、端庄、贤淑、善解人意、富于同情心等都是美好的人格特征。相反，轻浮、自私、叽叽喳喳和鼠肚鸡肠的女人，即使容貌长得再漂亮、惹人喜爱也只是过眼云烟。

2. 温柔的力量

说到温柔，人们自然会想到圣母的画像，想起在极其柔和的背景中圣母玛丽亚温柔而圣洁的微笑。这微笑向人们展示了她的善良、无邪、温柔和博爱，她巨大的艺术魅力亘古不衰。男人们最喜欢的大概不是女人的外貌，而是女人的阴柔之美。

3. 腹有诗书气自华

读书和思考可以增加一个人的魅力。知识和修养可以令人耳聪目明，也会给一个女人增添不凡的气质。学识和智慧是气质美的一根支柱，有了这根支柱，完全可以弥补容貌上的欠缺。

4. 可贵的坚韧

柔的温情并不是主张女孩子一味地顺从、依赖、撒娇，女性也要有个性、有主见、有行为的自由。这种独立性是一种情感中的柔韧和追求中的坚定，是一种意志上的自持和克制力，是一种既不流于世俗又深深地蕴含着理性的行为。那些见异思迁、毫无主张，遇到挫折便哭哭啼啼的女孩，即使长得再漂亮也不会有人喜欢的。相反，对美的事物毫不动摇，坚持不懈追求的精神，完全可以使丑姑娘变得美丽。

在现实生活当中，几乎所有的男人和女人都喜欢与这样的女人相处，因为这种女人使你既有眼球上的好感，还有一种吸引人的特别力量，能不断地感染你，使你羡慕，让你追随。

气质是一种灵性，一个女性如果只靠化妆品来维持，生命必定是苍白的。

气质是一种智慧，一点点地雕琢着一个人，塑造着一个人，一个不经意的动作，就能吸引所有人的目光。

气质是一种个性，蕴藏在差异之中，只有不断创新，才能拥有与众不同的韵味，成为一个让人一见难忘的人。

气质是一种修养，在城市流动的喧嚣中，洗练一种超凡脱俗的"宁"与"静"，面对人间沧桑，才会嫣然一笑。

对女人而言，气质是一种永恒的诱惑，因为气质不仅仅靠外貌就能获得，而且还要拥有丰富的智慧与常识，拥有傲人的气度与素质。

在生活水平日益提高的今天，用来美化包装女人的手段可谓层出不穷。皮肤不白可以增白，五官不正可以再造，脂肪过剩可以吸除，形体不美可以训练，但至今还没听到有"女人气质速成"之类的技术面世。

事实上，女人的气质首先是先天的或者说是与生俱来的，其次，后天长期的潜心修养也很重要。而刻意模仿、临时突击则是难以从根本上改变气质的，弄不好"画虎不成反类犬"，成为效颦的东施，反为不美。

真正高贵脱俗、优雅绝伦的气质，需要的是全方位的修养和岁月的沉淀。像一抹梦中的花影，像一缕生命的暗香，渗透进女人的骨髓与生命之中，让她们能够在面对岁月的无情流逝时，仍然能够拥有一份灵秀和聪慧，一份从容和淡泊……

优雅的气质来自完美的内心

戴尔·卡耐基曾评价一位女士说："你的粗俗将会毁了你的幸福。我要告诉你的是，只有举止优雅的女人，才会赢得男人的尊重和爱。"优雅，表现了女人有修养、有内涵，她们在一举手、一投足之间，都会使人觉得恰到好处，很有分寸。确实，要做到这点，没有智慧，没有修养那是无法想象的。

人们往往对举止粗鲁、不讲文明的女人嗤之以鼻，即使这种女人腰缠万贯，也没有人愿意把她们当上宾看待。但优雅的女人则不同，即使她们没有钱，即使她们没有什么名声、地位，就凭她们的优雅举止，便足以赢得人们的尊重。

所以说，女人是需要优雅的，男人都希望看到更多的优雅女人。

相信每一个人都喜欢以迷人的优雅气质著称的女影星格蕾丝·凯利和奥黛丽·赫本。格蕾丝·凯利智慧而优雅的气质，让她一下子走红，甚至使这位有着"王妃"气质的灰姑娘在某一天成了真正的王妃。自此之后，其装扮言行愈加散发出高贵、典雅之气。赫本的优雅，则纯净而清丽，仿佛天上仙女般一尘不染，虽举手投足间仍有些稚气，却难掩那份与生俱来的优雅之气。

20 世纪末，又有一位幸运得叫人嫉妒的好莱坞女孩冒了出来，她就是格温尼斯·帕特罗。这位并不漂亮的女子亦是以现代女孩少有的欧洲式优雅而显得耀眼无比。高挑修长的帕特罗被认为具有高雅而不失现代的气质，以及品位出众而时尚的衣着让人十分欣赏。就是这个五官平平的女孩，她的优雅简洁又透着些新时代随意风格的着装方式说明：脸蛋不漂亮的女人也可以美丽。

对于女性而言，气质主要包括以下四个方面：

(1)吸引力。来源于女性内心的涵养、对礼仪的理解、优雅的谈吐和得体的穿着。

(2)良好的形象。包括仪容、仪表和心态。

(3)好修养。包括品德修养和文化修养。

(4)好心态。是女性在感情、事业生活中如鱼得水的保证，也是增添自身魅力的重要法宝。

优雅是一种恒久的时尚，当优雅成为一种自然的气质时，这个女人一定显得成熟、温柔。

女人必须学会从今天开始改变自己，去读书、学习、发现、创造，它能让你获得丰富的感受、活跃的激情。要学会爱自己、赞美自己，善待自己也善待别人，让生活充满意义。

优雅是不分阶层、贫富贵贱的，它是一种处乱不惊、以不变应万变的心态。美国女人不惧怕离婚，更不会忍受丈夫的暴力，她会立刻出走，并潇洒地丢下一句："哪儿不能谋生？哪儿没有男人？"而不少中国女人却总把离婚当成世界的末日，屈服于家庭暴力，这是因为她们还没有形成独立自主的意识，任何微不足道的外在打击都能摧毁她的自信。其实，如果你自己不打倒自己，就没有人能够打倒你。做一个优雅女人，就是相信自己、相信爱情、相信人生中所有美好的东西。

真正的优雅来自完善的内心，是充实的内心世界，质朴的心灵形之于外的真挚表现，是自信的完美个性的体现。而所有的这些都来自于你所受的教育、你的自身修养以及你对美好天性的培植与发展。

其实，真正的优雅不一定需要有很多的金钱或者时间作为后盾，只要你留心，优雅无处不在。一个眼神、一句话、一个动作、一抹微笑，无不让你优雅万分。如果能在日常生活中注意以下几个方面，优雅于你而言就不会是那么遥远的事情了。

（1）在工作和生活中，应始终保持一种开阔的胸怀，这不仅是生存的需要，更是人生快乐的源泉。

（2）女性不仅要让"女人是弱者"的说法改变，而且还要将女性气质中的恬静、温和、性感等充分发挥出来，在婚姻、生活、工作中处处闪现出女人的迷人气质。

（3）拥有一颗宽容和接纳的心，让自己的内在魅力去同应该竞争的对象打拼，而不是同其他女性打嘴战。

（4）个性张扬、自主性强，这是现代女性成功所必备的心理素质，同时也为现代女性增添了另一番风韵，是一个气质女性所应追求和塑造的形象。

那么，什么样的女人才是具备优雅气质的女人呢？

1. 装扮得体、举止大方

不可能每个女人都拥有美貌。如果你的长相并不十分出众，那你就要懂得怎么改变自己、弥补自己的先天不足，通过服装、发型、化妆品等把自己装扮得体，显示出你特有的魅力。在言谈举止中要落落大方，既有女性的温柔，又有高雅的气质。女人的高贵并非指要出身豪门或者本身所处的地位如何显赫，而是指心态上的高贵。高贵的女人往往会给男人生活的信心和勇气，因为她们生命里潜存着一种净化男人心灵、激励男人斗志的人性魅力。她们不媚俗、不盲从、不虚华，最让男人欣赏。

2. 富有同情心

优雅的女人都有一份同情心，对弱者或是受到委屈的人们总会表示出由衷的同情，并理解他们，给他们以适当的安慰和帮助。

3. 心地善良、宽容待人

善良是女人的特性。假如你有一颗善良的心，并且待人宽厚，从不苛求他人，而且经常帮助一些老人、小孩子，那么，即使你不是很漂亮，但在这个物欲横流的世界里，你的不俗的优雅气质依然会让人心动。

4. 健康、开朗、乐观

身体是生活的本钱，只有健康才能让自己活力四射、趋于完美。优雅的女人开朗乐观，遇到挫折时敢于认真面对，用女性特具的韧性，在克服困难的过程中寻求属于自己的幸福。

5.有理想和自信

优雅的女人对未来有着崇高的理想，追求事业上的成功，用充满自信的目光看待每一件事、每一个人。男人就欣赏这种乐观自信的女人。自强自立的女人多了，男人背负的精神压力就会相对减小。而且，一个男人能与一个不仅只满足于衣食之安的女人共度人生，生活就永远不会变得陈旧，人生也不会走向退化。

6.兴趣广泛

优雅的女人有着广泛的兴趣爱好，并能持之以恒。

女人的美丽在于心灵之美。试问有哪个女人不想成为优雅的女人？那就从现在做起，塑造你的气质，做个优雅女人。

成熟是一道独特的风景

在生活中，经常会听到男人带着赞赏的口气说："某某真是个成熟女人。"那种口气，比提起白领小姐来，不知要更景仰多少倍。在成熟男人的眼里，跟成熟女人一比，白领小姐就像一坛酿到半途的酒，底子是好的，只是离味道醇厚还有十万八千里。成熟女人就不得了，一揭酒坛子，满室酒香。

当然，不是随便一个到了婚育年龄的女人就能够被称作"成熟女人"。家庭主妇也不是"成熟女人"的代名词，不管家庭主妇多么成熟饱满，多么善解人意，没有人会赞她们一声"成熟女人"。所以"成熟"两字，是有其特定的复杂含义的。

什么样的女人才是成熟的女人呢？

(1)成熟的女人看上去赏心悦目。她们不追求潮流，却能独运匠心，穿出个人品位。

(2)成熟的女人善解人意。善良，温柔，具有同情心和正义感，能够在人群中感受爱、接受爱，也能给予他人爱。能接纳自己，也能使别人接受自己。

生活中总有烦恼，一个成熟的女人遭遇失意时，不会仓皇失措，而是将注意力转到自己的兴趣之中，听音乐、读书、工作，会尝试利用弹性丰富、张力十足的生活态度引导出一个崭新的自己。

(3) 成熟的女人彬彬有礼。她们知书达理，不会被自己的情绪左右，不在大庭广众下失态。她是一个好听众，可以敏锐地感受对方的情绪，体察对方的苦恼。她有雅量赞美别人，同时也能宽容别人的缺点。喜不狂，忧不绝，胜不骄，败不馁，谦而不卑。

(4) 成熟的女人举止适度、言谈有礼。站立时姿势优美，走路时步态稳健，用餐时温文尔雅，坐下时神态安详，谈话时平静温和。有很好的道德修养，不谈与事实不相符的事，不高谈阔论、固执己见，不一味表现自己。

(5) 成熟的女人服饰得体、打扮适宜。她们对服饰的选择有独到的见解，选择的服装既不浮华也不愚昧，从来不追逐潮流，不在乎豪华或名牌，崇尚服饰与人的完美和谐，追求一种淡泊、宁静、高雅的意境。她们会根据自己的个性、气质、经济条件挑选或制作适合自己的服装，穿出个性与魅力。

(6) 成熟的女人懂得体贴别人，更懂得爱护自己。成熟的女人对自己的生活有着更高的要求。成熟的女人善于发现生活中的美与辉煌，借以冲破无边无际的黑暗，重获新生。她们喜欢亲近自然，优美的风景和清冽的空气能抚慰她们的疲惫与彷徨，不经意间流露的未泯童趣，令人莞尔。亲情与友情也是成熟女人生活中很重要的部分，她们追求独立，依附与缠绕的爱情不是她们所要的。

那么要如何才能做一个真正成熟的女人呢？

1.不要因为小小的挫折而灰心丧气

(1) 不要沉溺于以往的失败中。容易遭受失败的人在性格上有一个共同的弱点，就是对琐事都极为敏感，遇到小小的挫折便产生强烈的反应，甚至得出极端的结论。

(2) 不要以偏概全。容易陷入抑郁状态的人对事物的解释常有一定的模式，就是将所有不快的原因归咎于自己的错误。

2.消除自我能力不足的疑虑

(1) 克服"升迁"后遗症。有些女人，升职后，总是害怕自己能力不足，不能胜任新岗位的工作，因而产生疑虑、骄躁的情绪。

(2)重视自己。每个人在人生舞台上都是最优秀的演员。

3．从崭新的角度去思考自己的弱点

(1)不要歪曲事实。事实不会对人们的心理造成不良影响，而人们对事实的解释却往往形成不可磨灭的阴影。由此可见，一个最大的敌人不是别的，正是女人自己。

(2)能接受真实的自我，就能保持内心的平衡。有自知之明的人，与自卑的人是不同的。

4．不要隐瞒真相

(1)不成熟的人容易掩饰自己的真实面貌。隐瞒真相只会使原本微不足道的小事变得严重。

(2)隐瞒真相可能导致两种不良的结果，一是觉得欺骗了他人，因而愧对他人；二是加重了自卑感，因而愧对自己。

(3)不要妄自菲薄。妄自菲薄的人痛苦都是自找的。

5．与其非难他人不如改变自我

(1)诽谤他人毫无益处。一味地责难他人、诽谤他人没有什么好处，充其量只是获得暂时的满足，而且是一种空虚的、虚幻的满足。而为了这暂时的、空虚的满足，你必须付出极大的代价，包括不再激励自己奋发向上和损害良好的人际关系等。

(2)越不想改变自我的人越会责难自己。

6．做自己的主人

(1)不要为他人所左右。经常为他人所左右的女人心中充满了恐惧，进而坐立不安。这样的女人必定是一个失败者，因为她们无法做自己的主人。

(2)要敢于说"不"。对于不符合自己意愿的事，要敢于说出内心真实的想法。

(3)不要怀有罪恶感。应该高兴、快乐时却产生罪恶感，一定是因为自己的观念有所扭曲，这种女人会经常对他人的要求产生不必要的责任感。

培养良好气质的 8 个步骤

女性以独特的气质之美展现其独特的魅力，赢得成功人生。女性独特的气质，不仅体现在天生丽质上，更体现在出众才华上；女性迷人的魅力，不仅荡漾在花容月貌上，更洋溢在如兰似蕙的修养与品质中。女人要修炼良好的气质，就要做到：

1. 懂得修饰自己

懂得爱护自己的女人一定懂得打扮自己。因此，从头发的样式、护肤品的选用、服饰搭配到鞋子的颜色，无一不需要你细心地面对。从头到脚的细致，当然是需要花很多时间和心思的，因此要想做高贵气质的女人，就必须从做细致的女人开始。可别小看了细致，也许仅仅因为指甲油的颜色不协调就导致你前功尽弃。

毕竟，一个男人对着女人一张细致的脸说话要比对着一张粗糙的脸说话有耐心得多。尽管这样说会使大多数女人不满，但这又确实是不争的事实。所以，女人一定要懂得自我修饰，而且绝对不能偷懒。

2. 会欣赏自己

懂得自我欣赏的女人光彩照人、落落大方，灿烂的笑里有一股高贵的气息，让男人在仰慕的同时又有些敬畏。

但是，女人绝不能自以为是，盲目自我崇拜，那样比自卑的女人更可怕。气质高贵的女人最重要的一条，就是由内而外散发的文化气质。

文化气质的提升不只是单纯的看书、学习，还包括诸如上网浏览、交流，欣赏一部好电影，经常翻阅一些出色的时尚杂志，学学电脑和英文。只有不断加强修养，高贵气质的女人才能在绚丽的生活中游刃有余、潇洒自如。

3. 学会爱自己

女人要学会爱自己，首先要了解自己，在努力使自己完美的同时，要对自己的一些无关痛痒的小毛病有包容的态度。只有了解自己的优势和不足，明确自己的人生目标，才不会整天抱着自己的小毛病郁郁寡欢！但是这并不是说只看见自己的优点，而是说要尽量发扬自己最大的优势，同时忽视那些无关紧要的小缺点。总之，女人要了解自己、包容自己、相信自己，使自己在面对困难和考验时有个坚强理性的态度！

4. 展示女性温柔的性格

女性要展示温柔的气质，要求女性要注意自己的涵养，要忌怒、忌狂，能忍让、体贴人。盛气凌人、傲气十足的女性往往会使男人敬而远之。温柔并非沉默，更不是逆来顺受、毫无主见。温柔表现在通情达理、富有同情心、吃苦耐劳、善良、温馨细致、性格柔和等女性风格之中，是女性特殊的处世魅力。温柔的女人像绵绵细雨，润物细无声，给人以一种温馨柔美的感觉，令人心荡神驰、回味无穷。

5. 坐拥书城，魅力永恒

"腹有诗书气自华"，只有有气质的女人才会有恒久魅力。品位来自文化，宽容来自文化，温柔来自文化，自尊来自文化，读书的女人是自强的女人、智慧的女人，是不依附于男人的女人，是真正能够征服男人和世界的女人！读书的女人能够更好地调节自己的心态，使自己快乐。

6. 培养高雅的兴趣

高雅的兴趣也是女性气质美的一种表现。爱好文学并有一定的表达能力，欣赏音乐并且有较好的乐感，喜欢美术且有基本的色彩感，有一定的艺术气质，就会使女性的生活充满迷人的色彩。

7. 不断地充实自我

对现代女性来说，最忌讳的事便是得过且过，整天无所事事、百无聊赖。现代社会是竞争的时代，如果你不进取学习，就会退步。有修养的现代女性绝对不做一问三不知的"白痴"，她们总有丰富的知识做底蕴。可以下班后多多学习，储备更多的专业知识和技能，同时多看报，留心经济讯息，多关注社会，并能根据科学发展的趋势进行预测，随时走在时代的最前端，保持宏观的视野。

8. 展示最真实的自我

几乎所有的女人都渴望自己在性格和外表方面，对别人具有更大的吸引力。在现实生活中，真实的你是最能打动人的，因为这样的你有血有肉，有喜怒哀乐。真正有修养的人，气质是从骨子里透出来的，绝不是矫揉造作。所以女性一定要学会接受自己的外貌；对别人热情和关心；仪态端庄，充满自信；保持幽默感；不要惧怕显露真实的情绪；有困难时，真诚地向朋友求助。

女人气质类型自测

下列四组气质类型测试题，可以帮助你确定自己的气质类型，请你依次阅读题目，对完全符合自己的，在题目前的[ ]记3分；如果处于模棱两可之间——既符合又不太符合的，在[ ]前记1分；不符合的，在[ ]前记0分，最后计算出自己在每种气质类型的总分。如果你在某一种类型的得分明显高于其他三种（均高于4分以上），则可定为某典型气质；如果两种气质的得分接近（差异小于3分），且又明显高于其他两种，则为两种气质混合型。事实上，大多数人总是以某种气质为主，又附有其他气质。

A组：

[ ] 1. 到一个新环境很快就能适应。

[ ] 2. 善于与人交往。

[ ] 3. 在多数情况下情绪是乐观的。

[ ] 4. 能够很快忘记那些不愉快的事情。

[ ] 5. 接受一项任务后，总希望迅速完成。

[ ] 6. 能够同时注意几件事情。

[ ] 7. 疲倦时只要短暂休息，就能精神抖擞地投入工作。

[ ] 8. 讨厌做那些需要耐心、细致的工作。

[ ] 9. 符合兴趣的事干起来劲头十足，否则就不想干。

[ ] 10. 假如工作枯燥乏味，马上就会情绪低落。

[ ] 11. 反应敏捷、头脑机智。

[ ] 12. 希望做变化大、花样多的工作。

总分：如果你在这组测试中取得高分，那么你属于多血质的气质类型，较适合从事记者、律师、公关人员、艺术工作者、秘书和其他社会工作者。

B组：

[ ] 1. 喜欢在公开场合表现自己，有强烈的争第一倾向。

[ ] 2. 做事有些莽撞，常常不考虑后果。

[ ] 3. 做事总有旺盛的精力。

[ ] 4. 宁愿侃侃而谈，不愿窃窃私语。

[ ] 5. 容易激动，每每出口伤人，而自己不觉得。

[ ] 6. 羡慕那些能够克制自己感情的人。

[ ] 7. 喜欢运动量大和场面热烈的活动。

[ ] 8. 情绪高时，干什么都有兴趣，情绪不高时，干什么都不感兴趣。

[ ] 9. 认准一个目标就希望尽快实现，甚至饭可不吃，觉可不睡。

[ ] 10. 遇到可气的事就怒不可遏，想把心里的话一吐为快。

[ ] 11. 爱看情节起伏、激动人心的小说和电影、电视。

[ ] 12. 喜欢争辩，总想抢先发表自己的意见，力图压倒别人。

总分：如果你在这组的测试中获得高分，那么，你就是胆汁气质类型的人，较适合从事运动员、勘探工作者、飞行员、探险者、演说家、营业员、宾馆招待员等职业。

C 组：

[ ] 1. 善于克制、忍让、不计小事，能容忍别人对自己的误解。

[ ] 2. 能较长时间地在某一事物集中注意力，不容易分心。

[ ] 3. 能够较长时间地做枯燥单调的工作。

[ ] 4. 不易激动，很少发脾气，情感很少外露。

[ ] 5. 不喜欢长时间谈论一个问题，愿意实际动手。

[ ] 6. 对工作采取认真、严谨、始终如一的态度。

[ ] 7. 喜欢有条不紊的工作。

[ ] 8. 与人交往不卑不亢。

[ ] 9. 遇到令人气愤的事能很好地自我控制。

[ ] 10. 喜欢安静的环境。

[ ] 11. 做事力求稳妥，不做没有把握的事。

[ ] 12. 埋头苦干，有耐久力。

总分：如果你在这组的测试中获得高分，那么你就是黏液质气质类型的人，较适合的职业有医务工作者、图书管理员、翻译、商务、教师、科研人员等。

D 组：

[ ] 1. 宁愿一个人干，不愿和许多人在一起。

[ ] 2. 心中有事，宁愿自己想，也不想说出来。

[ ] 3. 学习和工作时常比别人更感疲倦。

[ ] 4. 对新知识接受很慢，但理解后就很难忘记。

[ ] 5. 爱看感情细腻、人物心理活动丰富的文学作品、电影、电视。

[ ] 6. 遇到问题总是举棋不定，优柔寡断。

[ ] 7. 碰到陌生人觉得很拘束。

[ ] 8. 厌恶那些强烈的刺激，如尖叫、噪音、危险镜头。

[ ] 9. 感情比较脆弱，一点小事能引起情绪波动，容易神经过敏。

[ ] 10. 当工作或学习失败，会感到很痛苦，甚至痛哭流涕。

[ ]11. 当感觉烦闷时，别人很难使自己高兴起来。

[ ]12. 碰到危险情况时，常有一种极度恐惧感。

总分：如果你在这组测试中获得最高分，那么，你就是抑郁气质类型的人，较适合从事作家、画家、诗人、打字员、音乐家、校对等职业。

解　析：

气质类型分析：气质是人的典型的稳定的个性心理特征之一，是人的心理活动和行为方式在程度、速度、稳定性、灵活性等动态特征上的综合表现。不同的人具有不同的气质类型。

气质心理研究表明：不同气质的人，其情绪体验的快慢、强弱、隐显以及动作的灵敏性不同。一般说来，这四种基本气质的典型特征分别如下。

胆汁质的人：通常具有直率、热情、精力旺盛、情绪易于冲动、心境变换剧烈、敏捷果断、进取心强、刚毅不屈等特点。

多血质的人：通常具有活泼好动、灵活机智、反应迅速、性格爽朗、喜欢与人交往，但注意力容易转移、兴趣容易变换、生活散漫等特点。

黏液质的人：通常具有稳重安静、反应缓慢、耐心谨慎、从容不迫、情绪不轻易外露、注意稳定、难于转移、固执拘谨、因循守旧、精神怠慢等特点。

抑郁质的人：通常具有行动迟缓、性格孤僻、体验深刻、敏感多疑、善于察觉别人不易察觉的细小事物、心情消沉、自卑谦让、安分守己，忠于委任等特点。

第三章

女人的时尚魅力
——提升你的品位

时尚女人的 10 个特征

21 世纪的女性，比以往任何时代的女性都充满了自信、勇敢，她们敢于选择自己想要的生活，有新型的价值观念、道德观念和处世方式。时尚女性一般都具有以下共同特征：

1. 经济独立

新世纪的时尚女性普遍会有自己的事业，即使婚后锦衣玉食，也绝不会放弃自己的工作。她们经济独立，拥有一份待遇不菲的工作；她们思维敏捷，聪明智慧，努力在事业和爱情中间取得平衡；她们独立自主，自尊自立，认为嫁给谁就等于找到了长期饭票简直就是荒谬，"傍大款"将遭到唾弃。她们有较强的理财能力，懂得怎样用钱更好地安排自己的生活。

2. 爱自己才能爱别人

这是新世纪时尚女性中最流行的口号，最时髦的举止。时尚女性会时时倾听自己的内心，诚实地面对自己真实的感受和欲念，选择自己想要的，从不曲意承欢，不委曲求全，不刻意讨好别人而压抑自己。她们认为只有用这样的态度爱自己，才能真正了解爱的意义，进而才有能力去爱一个男人，保证双方在"爱"中不受伤害。

3．享有生育决定权

越来越多的时尚女性会认为家庭不意味着自我牺牲，传统的生育观念已不再为新时代的女性所认同。时尚女性在面对事业和家庭的双重压力时，会采取游刃有余的方式，选择适当时机行使自己的生育权。生育对她们来说，已不再是一种家庭和社会责任，而是发自内心的需求，只有当自己的生理、心理、物质等各方面都做好了充分的准备，她们才会孕育一个新的生命。

4．晚婚或独身

结婚不再是时尚女性生活中的首选和必须。生活方式的丰富多彩，为女性提供了更广阔的选择空间，女性结婚的年龄将会越来越晚。婚姻的概念日渐淡漠，一些人认可同居或试婚的方式，认为这是对将来婚姻生活谨慎思考的选择。只有当两个人真正适应彼此，他们才会走进婚姻的殿堂。还有一些优秀女性干脆选择独身，追求更大的自由和事业的发展空间。

5．不断"充电"

注意时事、关心环境、了解政治、接近人文，时尚女性拥有热切求知的好习惯，书籍、电影、资讯光碟、网络是她们最好的朋友。熟练使用一门以上的外语、进修MBA或一门实用课程，对于她们来说是提升自己的知识与能力、开拓事业的必不可少的手段。她们认为只有一个知识与智慧、美貌与才情兼备的女人才会充满活力与信心，也才真正对男人有吸引力。

6．工作即娱乐

传统的"铁饭碗"的职业观彻底改变，时尚女性不惧怕放弃稳定的职业，频繁跳槽成为一种流行的生活方式。她们比男人更懂得工作对于人生的重要性，愿意将生活的乐趣融合进繁忙的工作中，并为之努力。如果面对一份自己毫无兴趣的职业，即便有再高的薪水，她们也会义无反顾地离开。

7．角色多变

现代社会的快速发展造就了时尚女性作为社会角色的多变性。她们有时温柔似水，有时狂放不羁，有时是甜蜜的情人，有时是办公室里板着面孔的女主管。很难用"好"和"坏"、"天使"和"魔鬼"、"淑女"和"荡妇"

这样绝对的字眼来形容她们，因为她们就像一个矛盾的统一体，光怪陆离却又和谐完美。

8. 交友广阔

时尚女性时刻注意扩大自己的社交圈，艺术展览、科技研究、商贸交流、国际环保，只要对自己有益的活动，她们都不会拒绝参加。在这些活动中，可以认识各个行业、各个领域的朋友。从这些朋友身上，她们可以开阔眼界、学习新的知识、参与更多的社交活动，也为自己创造更多打开世界的机会。

9. 独自旅行

更多的时尚女性会选择独自旅行的方式来度过自己的闲暇时光。她们认为单独旅行不仅可以摄取新知，更是一种自我探索，独自面对陌生的外界环境，绝对能够培养自律，训练自信，感觉生命的美好与完整。只有更多地感受生活形态，才能明白自己真正适合什么样的生活。在与大自然近距离的接触中，女性的自我疗伤能力将愈加增强，心灵将愈加健康而自由。

10. 健身

时尚女性关爱自己身体的每一部分，会将更多的时间和金钱花在有益于健康的活动上。跑步、游泳、健身、爬山，只要是对身体有好处的运动，她们都乐此不疲。健身操、芭蕾等与音乐相关的运动也会继续风行，因为大多数女性每周至少有一次这样的运动机会，她们认为体育与音乐对培养自己的气质起着重要的作用。

做一个时尚的小资女人

"大海，美酒，女人，拼命工作"，这是希腊作家卡赞扎基斯的小说《阿莱克西·卓尔巴》里一刻也闲不住的实干家卓尔巴说过的一句话。在两性平等的时代，只需把其中的"女人"换成"爱情"，便是现代时尚小资的生活写照了。

小资追求的是"优质生活"。"优质生活"是由温饱进入小康之后的新境界，它不再以量取胜，不再以增加财富为唯一目标，不再以小我为中心，不再为了经济增长而牺牲生态环保。

小资追求的"优质生活"就是要在财富与欲望之间取得平衡。真正的小资女人，不仅有着经济的保障，最为重要的是，她们有着自己的精神世界，无限丰富的精神世界。

小资的女人很女人、很可爱，小资的女人也很独立。要想成为小资的女人，一定要在以下9个方面完善自己：

1．家里必备穿衣镜

小资的女人都有一些自恋，所以在家里备有一面全身的穿衣镜是必不可少的。镜子是要有设计的，用以时刻约束自己的身材。在镜子中找寻自己最美丽、最性感的一面，展示给所有欣赏她们的人。

2．养一两只宠物

不管你多么讨厌小动物，只要成为小资女人，必然会养上一两只宠物以显示自己多么的富有爱心。宠物是小资特别富有爱心的标签，并视其为家庭成员。

3．阅读时尚杂志

小资女人也是时尚女人。因此，在她们的咖啡桌上，自然少不了时尚类杂志，而且绝对是印刷精美、价格不菲的，它们无声地提醒着客人，时尚杂志中的生活与主人息息相关。时尚天天在变，追随时尚脚步的小资女人一定要有几本时尚杂志才足以表示自己是"时尚"一族，永远不会落伍。

4．听音乐

小资女人的家里绝对不会没有音响，一套音质好的高级音响不仅是时尚小资的代表，同时也体现了小资女人对艺术品位的追求。在音响旁边必定会有一个非常漂亮的 CD 架，摆满了 R&B、HipHop 风格的唱片，闲暇时听听音乐，放松放松心情，音乐在小资的生活中不可或缺，但多数情况下只作为背景。

5．看电影

小资女人爱看电影，尤其是无厘头电影。喜欢刘镇伟的《东成西就》、《重庆森林》，这些影片的光碟也是小资家里的必备品。

6．读书

小资女人爱读书,村上春树的《挪威的森林》更是小资们的最爱。除了村上,小资们还喜欢杜拉斯、卡夫卡、张爱玲、朱德庸，尽管霍金的《时间简史》她们可能会看不懂，但摆在书架上就可以标显小资的身份。

7. 收藏艺术品

这绝对是小资生活中的点睛之笔。最好是朋友做的雕塑，境外的旅游纪念品，大师作品的限量复制品或者小古董，恰如其分又不过于招摇，符合小资的虚荣心。

8. 讲究饮食

小资对饮食很有讲究，小资的饮食首先得换算成卡路里，她们绝对不容许自己身上长出多余的脂肪。她们对麦当劳、肯德基之类的快餐店不屑一顾，而喜欢星巴克舒缓的氛围。在星巴克充满异域情调的环境里，小资才会感到很舒服。单就那些咖啡的名字就很适合小资的口味，蓝山、摩卡、卡布奇诺、哥伦比亚——美丽遥远又不知所云。

喜欢去哈根达斯、日餐店，偶尔也会买回原料自己做西餐和日本料理。

小资虽然不经常生火做饭，但一套精致的餐具不可少。通常是西餐餐具，配着漂亮的鲜花、蜡烛和玲珑的酒具，规规矩矩地摆着，但几乎从来都不用，只是用来养眼和展示的。

9. 追求品牌

小资对穿着也是很有讲究的，她们对自我形象有着超乎寻常的热爱，因为她们知道：一个人的衣着、化妆、日用品随时随地都在向别人发出信息。

最简简单单、明明白白、直截了当表明身份的东西就是品牌。小资的生活一天也离不开品牌，无论是要去买一件衣服，还是买一双袜子、一瓶酒，还是一个炒锅、一把勺子，这些物品对小资的意味绝不仅仅是要去买衣服或勺子，而一定是买某某品牌的衣服或勺子。小资有自己特别的颜色，不管潮流怎么变，小资最爱穿的只有黑色或灰色、蓝色。小资对品牌的感情好比古人的图腾崇拜，不需要理由，而又死心塌地。

追求时尚的正确方式

对时尚的追逐、对自然的崇尚，是年轻女性的永恒话题，而漂亮、随意、充满青春活力也应是最喜好自由生活、重视自我感受的年轻女性的专利。

女人追求时尚是大方向和大趋势。但有些商家看准了女人追赶时尚的劲头，为了赚钱，不惜损害女性的健康，他们通过电视、报刊、网络等媒体对时尚大加渲染，卖减肥药的宣传苗条是时尚，卖染发剂的宣传染头发是时尚，做美容的宣传长睫毛、双眼皮是时尚，等等。总之，生活中不乏这样的现象：商家赚足了钱，而追求这些时尚的女人则花空了钱袋，弄坏了身体。

当然，女人爱美没有错，追求时尚也没有错。只是在追求时尚时，一定要采取正确的方式和把握适度的原则。

1．多运动

"性感"在今天已经成为时尚的代名词。一个时尚的女人可以没有美丽的容貌，可以没有丰厚的薪水，更可以没有这种或那种名牌香水。但是，时尚的女人必须是个性感的女人。

运动是性感的，也可以使女人变得性感，那么追求时尚的女人就无法拒绝运动。不要说那些驰骋赛场的体坛名将，就是体育馆、健身房中挥汗如雨的女人，哪个不让人另眼相看？她们在坚持不懈的运动中，散发出了对健康的渴求。健康是性感的前提，越是健康的女人距离她们心目中的性感形象就越近。

虽然运动不是追求时尚的灵丹妙药，但是运动的确可以拉近女人与时尚间的距离。在人们感叹女人为体育运动痴迷所展现出来的豪情时，体育运动正高举时尚大旗，引领着更多追求时尚的女人，在性感的大路上飞奔。

2．注重时尚的和谐

（1）时尚与性格的和谐。每个女人都有自己独特的个性，在追求时尚时也应根据自己的性格选择时尚，追求时尚与性格的和谐。模仿不是美，时髦也不一定是美，只有当内在性格与时尚追求和谐一致时，女人的美才能得到最充分的体现。

当时尚成为女人的一种"强加物"时，它就会破坏女性的美。如旗袍给人以文静优雅的感觉，"假小子"式的姑娘就不宜穿着。所以，女性追求时尚时要注意服装款式、色泽、质地都应与个性吻合，不可一味模仿。

（2）时尚与年龄的和谐。时尚具有很强的年龄特征，不同年龄的女性追求不同的时尚，已经成为普遍的生活现象和文化现象。所以，女性要根据自己的年龄特征选择恰当的时尚服装。处于青春妙龄的女孩,身材优美,体态轻盈,全身洋溢着青春活力和勃勃生机。她们只需穿上活泼明快、宽松利落的时尚运动装或简便装,就可以把少女的天然美、韵律美自然含蓄或淋漓尽致地表现出来。青年女性应穿着以明朗色彩为主体的时尚服装,这类服装跳跃性强,视野空间较广,且装饰性线条较多,可给人以热情、振奋的感觉。中年女性则应穿着柔和性色彩的时尚服装,这类服装色彩心理反射不太强烈,流动美感属中等水平,装饰性线条不太多,显得安定而宁静,给人以沉静、典雅之感。

(3)时尚与环境的和谐。女性在追求时尚、强调着装个性化的同时,还必须重视环境的因素,即在选择时尚服饰时,应与一定场合的气氛和谐起来。如在办公室里不宜着过分时髦的时装,职业女性也不能什么颜色的头发流行就烫什么颜色。如果在比较严肃的环境里工作,刚好社会上流行红色,你头顶耀眼的红发去上班,肯定会引来异样的目光。

因此,女性在追求时尚时要考虑与场合、氛围相统一,与生活环境相适应。

(4)时尚与职业的和谐。职业不同,在社会上扮演的角色就不同。因而,女性在追求时尚时要注意与自己的职业相协调。例如女教师为人师表,就要为学生做好榜样,因此穿戴不要太前卫,以免造成不良影响,损坏自己的形象。

在追求时尚时,注意结合职业特点来着装,可以显示出女性的工作能力和气质风度。

3. 切忌重金追时尚

大多数女性追赶时尚主要出于以下三种心理:一是好奇心;二是希望出人头地;三是不愿落在人后。

因此,为了追求时尚,她们甚至不惜重金,弄得自己看起来光彩照人,口袋里的钱却越来越少,感觉越来越糟。

其实,今日的时尚大多为商业行为所制造。为了使自己的产品成为受大众青睐的商品,商家不约而同地将经营策略放到了在成本不变的前提下如何最大限度提升产品价格上。于是,一系列时尚制造行动频频出现在世人的面前。在电视屏幕、报纸杂志和网络的引导下,人们不可避免地会将这些商业运作的结果和时尚画等号。于是,时尚也开始变得铜臭味十足起来:一张普通的木床,价格可以高到能买下半亩树林;一件花花绿绿的衣服能花去一个女人一个月的粮款;一个吊挂在脖、腕上的小饰物足以使几个失学儿童的三年学费得到全额支付……对待如此这般的所谓时尚，女性不应不识，更不能不防。

时尚感觉自测

根据自己的实际情况用"是"或"否"判断下列说法。以下各问题答"是"得1分，答"否"得0分。

1. 处处充满好奇心，渴求一切新知识。

2. 能很快适应从未遇到过的新环境。

3. 对新鲜事物理解很快，反应也很快。

4. 讨厌依赖别人的性格，自立性很强。

5. 一旦疲劳会很快调整、恢复，情绪始终乐观。

6. 一件事只要决定行动，就很少后悔。

7. 即便十分疲倦也心情豁达，不找人出气。

8. 任何地点、时间，只要疲倦，倒下就睡着。

9. 记忆力很好，多数为遗传的财富。

10. 看待人和事物一般均"向前看"。

11. 不怕麻烦，自己的事自己了结。

12. 即便在有病有灾时也不会轻易想到以下问题：老了，一个人孤独，什么时候死？

13. 很少与别人谈话时重复说某一件事。

14. 不会发牢骚，做事遇到困难，会静下心来探索破解困难的途径方法或找人寻帮助。

15. 不喜欢对旧的过时的东西视若珍宝，也很少到银行去存钱。

16. 对异性感兴趣，若遇到异性求助会表示出热心。

17. 不囿于常识与习惯，有时会下决心冒险。

18. 倾向于欣赏科幻作品。

解　析：

9分以上：你属于头脑年轻、时尚的人。若总分越高，那么头脑越年轻、越时尚。

9分以下：意味着头脑正在老化，追逐时尚的精力和动力越来越少，分数越少，老化越严重，也就谈不上什么时尚。

第四章

女人的健康魅力
——让女人受益一生

身体健康才美丽

身体健康包含了两个方面的含义，一是指主要脏器无疾病，人体各系统具有良好的生理功能，有较强的身体活动能力和劳动工作能力，这是身体健康的最基本的要求。二是指对疾病的抵抗能力，即维持健康的能力。有些女人平时没有疾病，也没有身体不适感，经过医学检查也未发现异常状况，但当环境稍有变化，或受到什么刺激，或遇到致病因素的作用时，身体机能就会出现异常，说明其健康状况非常脆弱。能够适应环境变化、各种心理生理刺激以及致病因素对身体的作用，才是真正意义上的身体健康，才能更美丽。

世界卫生组织认为现代人身体健康的标准是"五快"，具体是指：

1. 吃得快

是指胃口好。什么都喜欢吃，吃得香甜，吃得平衡，吃得适量。不挑食，不贪食，不零食。吃得快，当然不是指吃得越快越好，而应做到细嚼慢咽，使唾液充分分泌，这样可以减轻胃的负担，提高营养吸收率，也能减少癌症的发生。

2. "便"得快

是指大小便通畅，胃肠消化功能好。良好的排便习惯是定时、定量，最好每天 1 次，最多 2 次。起床后或睡眠前按时排便，每次不超过 5 分钟，每次排便量 250 ~ 500 克，说明肛门、肠道没有疾病。假如便秘，大便在结肠停留时间过长，形成"宿便"，有毒物质就会吸收得多，引进肠胃自身中毒，出现各种疾病，甚至可能导致肠癌。

3. 睡得快

是指上床后能很快入睡，且睡得深，不容易被惊醒，又能按时清醒，不靠闹钟或呼叫。醒来后头脑清楚、精神饱满、精力充沛、没有疲劳感。睡得快的关键是提高睡眠质量，而不是延长睡眠时间。睡眠质量好表明中枢神经系统兴奋、抑制功能协调，内脏无病理信息干扰。睡眠少或睡眠质量不高，疲劳得不到缓解或消除，会形成疲劳过度，甚至出现疲劳综合征，降低免疫功能，产生各种疾病。

4. 说得快

是指思维能力好。对任何复杂、重大问题，在有限时间内能讲得清清楚楚、明明白白，语言表达全面、准确、深刻、清晰、流畅。对别人讲的话能很快领会、理解，把握精神实质，表明思维清楚而敏捷，反应良好，大脑功能正常。

5. 走得快

是指心脏功能好。俗话说"看人老不老，先看手和脚"，"将病腰先病，人老腿先老"。加强腿脚锻炼，做到活动自如、轻松有力，不要事事时时离不开车，不要忘记腿是精气之根，是健康的基石，是人的第二心脏。

这几条标准虽然内容简单，但要真正做到却并不容易。

只有身体健康才能说美，女人的美丽是灵性加弹性——拥有活生生肉体的健康女人，才会永远吸引男人的目光，也才会成为社会生活中最美的风景。

健康是女人的本钱，女人得从爱惜自己开始。女人原本就劳累，若不顾一切把健康都交出去，赔进去的是永远无法赚回来的生命。

有健康，才有爱和被爱；

有健康，才有追求和梦想；

有健康，才有快乐和幸福；

有健康，才能真正称其为女人。

但是，一些不健康的生活方式正在吞噬着女性的健康，特此提醒爱美女性们注意。

1. 盲目减肥

爱美之心，人皆有之，时髦女性尤其如此。许多人千方百计想减掉自己体内多余的脂肪，减肥茶、减肥餐、运动健身等各种各样的减肥措施令人眼花缭乱。还有的减肥者想速见成效，于是拼命节食，结果是体重减轻了，身体却垮了。

女性追求完美体形的愿望是可以理解的，但不可盲目为了减肥而过量运动。人的身体是需要适应和调整的，关键不在于你运动了多少，而是贵在坚持。每天抽出 5 分钟锻炼也比一个月或几个月疯狂运动一次好，而且运动过量还容易使肌肉损伤。

2. 冬季"要风度不要温度"

在寒冷的冬季，很多人都已穿上棉服、羽绒服，而一些爱美女性却仍然身着短裙，里面一条水晶长筒丝袜，俨然一副夏天的打扮。大部分穿裙子的女性不是不觉得冷，而是因为觉得这样才"美"。这样的打扮确实是时髦，却给健康带来了隐患。

在寒冷季节，穿裙子使膝盖的温度过低，膝关节受到刺激就容易引发关节炎，使膝关节的关节软骨代谢能力减弱，免疫能力降低，还会造成对关节软骨的损害，形成创伤性关节炎，引起膝关节肿胀和膝关节滑囊炎。

3. 穿戴上的"好看不好受"

爱美是女人的天性，但若为了外表的光鲜亮丽，在穿戴上"虐待"自己，迷恋又细又高的高跟鞋、又小又紧的内裤和胸衣以及质量低劣的首饰等，长此以往，美丽的背后将付出健康的代价。

在这些服饰中首当其冲的便是高跟鞋。

高跟鞋问世以来一直备受女性的青睐，但鞋跟在 7 厘米以上的高跟鞋使人体重心前移，给膝关节造成了压力，而膝部压力过大是导致关节炎的直接原因之一。另外，趾骨也会因为负担过重而变粗。除此之外，过高的高跟鞋还会造成跟腱和脊椎骨变形。

有些追求身材完美的女性片面注重束身效果，经常穿着又小又紧的内裤，这样不仅会感到浑身不舒服，而且也会影响到血液流通，并会使局部肌肉因为不透气、汗渍而发炎。

还有的女性喜欢穿收腹裤，这种衣服长时间穿在身上会引起心口灼热、心跳加快、头晕、气短等不适现象，甚至会出现心口疼痛。

女性如果每天长时间地穿着又紧又窄的胸罩，则会影响乳房及其周围的血液循环，使有毒物质滞留在乳房组织内，增加患乳癌的可能。

各类金属首饰，除了纯金（24K）的以外，其他的在制作过程中一般都要添加一定量的铬、镍、铜等，特别是那些价格较为低廉的合金制品，其成分则更为复杂，女性细嫩的皮肤戴上这类材料的首饰很容易受到伤害。

4. 职场女性的健康隐患

(1) 化妆过浓。职业女性由于工作需要，适当的化妆是必要的，但切忌浓妆艳抹。目前市场上出售的化妆品无论多高档，还是化学成分居多，含有汞、铅及大量的防腐剂。不少女性把美容的希望寄托于层出不穷的化妆品上，而忽略了自身的健康。化妆品中的化学成分会严重刺激皮肤，粉状颗粒物容易阻塞毛孔，减弱皮肤的呼吸功能，产生粉刺、黑头等皮肤问题。

(2) 超负荷工作。在职场中，竞争越来越激烈，职业女性的工作节奏也日趋紧张，精神压力也越来越大，但精神上和身体上的超负荷状态对健康是非常不利的。如果不注意休息和调节，中枢神经系统持续处于紧张状态就会引起心理过激反应，久而久之可导致交感神经兴奋性增强，内分泌功能紊乱，从而产生各种身心疾病。

(3) 饮茶过浓。很多职业女性有饮茶的习惯。茶可消除疲劳、提神醒脑，从而提高工作效率。但茶中的茶碱是一种有效的胃酸分泌刺激物，长期胃酸分泌过多，可导致胃溃疡。所以，职业女性切忌饮茶过浓，饮茶前最好在茶中加入少量牛奶、糖，以减轻胃酸对胃粘膜的刺激。

(4) 吸烟过多。很多女性职业以抽烟为时髦，而不知道烟草对女性健康的严重危害。有数据表明：吸烟女性心脏病发病率比不吸烟女性高出 10 倍，绝经期提前 1 至 3 年，孕妇吸烟导致产生畸形儿的概率是不吸烟者的 25 倍。另外，青年女性吸烟还会抑制面部血液循环，加速容颜衰老。

(5) 饮酒过度。职业女性在工作中总会遇到一些不顺心的事，有些人就采取借酒消愁的方式，还有的女性把喝酒当成现代生活方式中的一种时髦行为。其实，借酒消愁愁更愁，喝酒不仅解决不了问题，还会使大量酒精进入人体，导致神经系统受损，给自身健康带来很大危害。

(6) 营养不良。职业女性为了节省时间，也为了免除麻烦，经常买快餐食品充饥，如方便面、面包、各种糕点饼干，等等，或是在小食堂买一块肉夹馍、烧饼了事。这种做法对于工作来说，可称得上是快省，但身体却会受到很大伤害，时间长了会导致营养不良。

5. 优秀单身女人的"孤独症"

据统计，美国某州两年内每 10 万人中死于心脏病的共有 775 人，其中结婚的为 176 人，而独身者（指未婚和离婚者）却有 599 人，后者是前者的 3 倍多；在 122 个自杀者中，17 人是有家眷的，105 人是独身者，后者是前者的 6 倍多。这说明，孤独在一定程度上已成为人类健康的杀手。

现代社会，单身女人越来越多，尤其是高学历、高能力的单身女人的人数日趋上升。许多男人认为：高学历、高能力的女性整天忙于事业，不懂生活情趣，跟这样的女人组建家庭，婚后的日子肯定像一杯白开水似的，淡而无味。还有一些男人认为在能力强的女性面前，显得自己无能、渺小，不仅感到自卑，而且缺乏安全感。因此，出于男性的自尊心理，他们不愿选择高学历、高能力的女性为伴，这使得更多高学历、高能力的女性选择了独身。

美国心理学家林奇说："孤寂生活本身会慢慢而必然地伤害人的肌体，向着人的心脏冲刺……"

单身女人在工作中要不辞劳苦，在生活中还要面对着周围人投过来的无法理解、不可思议的目光，这种孤立于友谊和家庭之外的生活方式，使人患病和死亡的可能性大大增加。孤独对死亡率的影响，同吸烟、高血压、高胆固醇、肥胖和缺乏体育锻炼一样大。

车尔尼雪夫斯基说："生命是美丽的，对人来说，美丽不可能与人体的正常发育和人体的健康分开。"健康的人是最美丽的。无论你是早上八九点钟的太阳，还是娇艳欲滴的玫瑰，保持健康的身体和心态，你才会是最美的。不要抱怨上天为什么没有赐予你美丽的脸蛋儿、婀娜的身材，上天是公平的，当你第一次赤裸裸并伴着啼哭出现在人类面前的时候，你就是最美的，因为你拥有一颗健康的心脏，从此可以健康地生活。人要先具有健康然后才能谈到五官、皮肤等的美丽，身心的健康都有了才可以对比外在的美丽。美女应该具有健康的肤质、红润的面色、亮泽的发色等，总之，只有从内到外的健康才可以很好地保持美丽。

最后介绍几招有益健康的"小动作"。

1．如果你经常腰痛，可以在平地上倒着走，膝盖要弯曲，同时要甩开双臂均匀地呼吸，每天早上坚持半小时，一两个月后即可以见效。

2．有时坐久了站起来，眼睛会突然发花，直冒金星，如果坐时抖抖脚就可缓解这种眩晕的感觉。

3．每天睡觉前，先用热水洗脸，再用冷水洗，可以使皮肤光滑，富有弹性。

4．每天清晨起来后及晚上临睡前，用右手过头顶轻轻牵拉左耳 27 下，再以左手过头顶牵拉右耳 27 下，如此反复两次，持之以恒，可以使头发不白。

5．每晚坚持用热毛巾搓耳朵，上下轻轻搓摩双耳各 40 次，毛巾凉了放入热水浸泡后再搓，这样既能防止感冒，又能治疗感冒。

6．漱口能按摩大脑。连续漱口 5 ~ 10 分钟，可引起中枢神经系统的兴奋，漱口结束后瞬间分泌出大量唾液会加剧这种兴奋刺激。这些复杂的变化就是一种特殊的大脑按摩，可以对大脑起到良好的保护作用。

健康从吃早餐开始

"一年之计在于春，一日之计在于晨。"可见早餐对人体健康的重要性。然而，目前还有很多人没有养成吃早餐的习惯或是早餐吃得过于随意，这对身体健康很不利。其实如何吃好早餐大有学问。

1. 7 ~ 8 点是早餐的最佳时间

一些人早晨起得早，早餐便也吃得早，其实这样并不好。早餐最好在早上 7 点后吃。因为人在睡眠时，绝大部分器官都得到了充分休息，唯独消化器官仍在消化吸收晚餐存留在胃肠道中的食物，到凌晨才渐渐进入休息状态。

如果早餐吃得过早，势必会干扰胃肠的休息，使消化系统长期处于疲劳应战的状态，扰乱肠胃的蠕动节奏。所以 7 点以后再吃早餐最合适。另外，早餐与中餐最好间隔 4 至 5 小时，也就是说，在 7 ～ 8 点之间吃早餐最合适。

2．早餐前最好先喝一杯水

早晨，人经过一夜睡眠，从尿、皮肤、呼吸中消耗了大量的水分和营养，身体处于一种生理性缺水状态。所以，早上起来后不要急于吃早餐，应先喝一杯温开水，这样既可以补充生理性缺水，还对人体内器官有洗涤作用，而且对改善器官功能，防止一些疾病的发生都大有好处。

3．早餐吃冷食不利健康

很多人早上起床后，喜欢喝果汁、牛奶等冷食，虽说可以提供水果中直接的营养及清理体内废物，但却忽略了一个关键问题，那就是人的体内永远喜欢温暖的环境，身体温暖，微循环才会正常，氧气、营养及废物等的运送才会顺畅。所以吃早餐时，千万不要先喝蔬果汁、冰咖啡、冰果汁、冰牛奶等冷食。

早餐吃热食才能保护胃气。胃气并不单纯指胃这个器官，还包含了脾胃的消化吸收能力、后天的免疫力、肌肉的收缩功能等。早晨体内的肌肉、神经及血管都还处于收缩的状态，假如这时候你再进食冰冷的食物，必定使体内各个系统更加挛缩、血流更加不顺。天长日久，就会导致皮肤越来越差，时常感冒，出现胀气、便稀等症状，这就是长期的冷食伤了胃气，降低了身体的抵抗力。

4．理想早餐并非牛奶加鸡蛋

很多职业女性早晨起来，喝一杯牛奶，煎一个鸡蛋，吃一些肉片，拿上一个水果便匆匆冲出了家门。看上去这样的早餐营养还不错，如此搭配，蛋白质、脂肪摄入量是够的，但却忽略了碳水化合物的摄入。

理想的早餐应该是营养均衡的早餐，蛋白质、脂肪与碳水化合物的摄入量应该有一个合理的比例，即蛋白质、脂肪与碳水化合物的产热值的比例应该在 12：25 ～ 30：60。由此可见，碳水化合物所占比例最大，是理想早餐营养结构的基础。而粮谷类食物是碳水化合物的主要来源，谷物含有丰富的碳水化合物、蛋白蛋及 B 族维生素，同时也提供一定量的无机盐，且脂肪含量低，约为 2% 左右。

常见的谷类食物包括大麦、玉米、燕麦、大米、小麦等，职业女性在选择早餐时，以这些食物或含有这些食物成分的食品为早餐的主要内容，获得的营养才会更充分，营养结构才会更合理。

5. 注意早餐的酸碱平衡

有不少女性早餐习惯吃馒头、油炸食品、豆浆等，也有人吃些蛋类、肉类、奶类等食品。虽然这些食品含有丰富的碳水化合物及蛋白质、脂肪，但都属于酸性食物，酸性食物在饮食中超量，容易使血液偏酸性，导致体内生理上酸碱平衡的失调，还会出现缺钙症。

所以，早餐还要适当摄入一些碱性食物，如蔬菜、水果等，因为蔬菜水果中含有比较丰富的碱性物质，所以只要吃点蔬菜、水果补充一下就能做到早餐营养的酸碱平衡。

总之，健康营养的早餐要符合以下几点要求：

1. 早餐的各种营养供给量，一般应占全天供给量的 30% 左右。其中对在中、晚餐中可能供给不足的营养素如能量、维生素 B_1 等，其供给量可增加到 35% 左右。

2. 按照"主食搭配、荤素搭配、粗细搭配、多样搭配"的基本原则，尽可能做到每天有粮有豆、有肉有菜、有蛋有奶，做到营养结构均衡、酸碱平衡。

3. 健康营养早餐应包括粥面类、糕点类、菜系类等三类食物，粥面类以饱腹为主，糕点类以调整食欲为主，菜系类以调味解腻为主。在餐后最好吃 1～2 种水果。

以下向您推荐几种健康营养早餐的食谱：

周一：全麦面包、火腿、蒸蛋羹、牛奶、拌菠菜粉丝。

周二：椒盐花卷、叉烧肉、煮鸡蛋、麦片粥、胡萝卜汁。

周三：奶黄包、酱牛肉、茶叶蛋、豆浆、海米油菜。

周四：小蛋糕、盐水肝、咸鸭蛋、酸奶、番茄汁。

周五：豆沙包、肉松、荷包蛋、牛奶、拌凉瓜。

周六：鸡肉青菜粥、小笼包、西柚汁。

周日：小馄饨、火烧、拌芹菜、胡萝卜和煮熟的黄豆。

教你瘦身饮食的秘方

减肥可以说是现代女性最热衷的话题，已变成了她们的日常功课之一。减肥的方法不外乎两种：一是运动，二是饮食。有的女性为了减肥不惜虐待自己，结果弄得面黄肌瘦，严重影响了身体健康。所以说，饮食减肥大有学问，不要以为单纯的节食就可以达到减肥的目的，要想拥有健美迷人的魔鬼身材，就必须改变"发胖"型的饮食习惯，以防止营养过剩。

1. 少吃含热量高的食物

减少膳食中总热量的摄入，可促进机体贮存的体脂燃烧，以达到减肥的目的。产生热量的营养素是指碳水化合物、脂肪、蛋白质三类，其中脂肪的产热量最高，1克脂肪可产热量9千卡。所以就总热量而言，希望瘦身的女性的食谱应以低热量、高蛋白、低碳水化合物的食物为宜。减少含脂肪多的如肥肉、油炸食品、奶油、全脂牛奶等食物的摄入。

2. 保证蛋白质的充分摄入

女性一天所需的蛋白质为60克，而减肥者在利用饮食进行减肥期间，迫使机体尽可能多地消耗脂肪，与此同时，机体的功能性组织和储备蛋白质也会被大量消耗掉。如果膳食中不注意供给充足的蛋白质，机体抵抗力就会下降，雌性荷尔蒙分泌就会减少，女性的健康就会受到影响。因此，女性在减肥期间必须提高蛋白质的质量和数量，其中优质蛋白质应占1/2。由于日常食用的优质蛋白多为动物性食品，其脂肪含量也很高，故应选择脂肪含量低的肉类，如兔肉、鱼肉、家禽肉和适量的瘦猪肉、牛肉、羊肉及动物内脏，并多吃豆制品。蛋白质供给量以每日每公斤体重1克为宜。

3. 保证供给足量的蔬菜、水果

蔬菜和水果含热量低，是减肥者较为理想的食物。尤其是新鲜的蔬菜和水果，不仅含热量低，而且富含维生素和纤维素，对减肥者非常有益。纤维素的适量摄入可避免因热量减少而发生的便秘。在水果蔬菜淡季不能满足需要时，可多吃粗粮、豆类及海洋蔬菜如海带、海藻等。还有一些能吸收大量水分但不产热或热量低，又能给人以饱腹感的食物，如琼脂、魔芋等，对减肥者特别适用。吃这类食物时应配合维生素制剂。

4. 一日三餐定时定量

减肥就必须要控制自己的食欲，一日三餐定时定量。每餐定量多少需根据个人的身体状况而定，一旦确定后即应严格执行。执行一段时间后再看效果如何，如有必要可调整每餐的饮食量，但不能根据自己的感受随时改变定量。

5. 晚餐要少吃，不吃夜宵

俗话说："早餐要饱，午餐要好，晚餐要少。"其中"晚餐要少"对于减肥特别重要。如果晚餐过饱或夜间又吃夜宵，食物转化的能量不能完全消耗，就会在体内皮下脂肪中储存起来，导致发胖。

6. 少吃零食

很多女性对自己一日三餐的饭量控制得很严格，但对于吃零食却毫无顾忌，结果还是达不到减肥的效果。吃零食虽然不会比正餐多，但更容易发胖。例如，你边吃花生边看电视，两把花生就有805千卡的热量，几乎等于三碗饭。因此，要想减肥成功，就要具有抵御美食诱惑的毅力，改变爱吃零食的习惯。

7. 饮食要清淡

食盐能储留水分，使体重增加，因而要限制食盐的摄入量。另外，烹调菜肴时还要控制用油量，烹调每日用油控制在20克以下，多吃植物油，少吃动物油。如一个水煮鸡蛋热量为80千卡，但如果用油煎成荷包蛋，热量可增加到170千卡。

8. 控制进食速度

进食速度过快往往也是发胖的一个原因。如果放慢进食速度，细嚼慢咽，可争取时间，使血糖上升，并通过神经反射及时出现饱感，从而控制食欲。另外，与人共餐时，控制食速还可避免因出于礼貌，不便过早退席而导致的饮食过量。

下面介绍几种局部减肥的饮食疗法：

1.上腹聚脂

上腹聚脂主要是由于身体的新陈代谢率降低，加上平时缺乏运动，又偏爱吃甜品和冷饮，脂肪自然会积聚在上腹。

但是让一个嗜甜的人忍口戒甜确实很困难，不过可以先给自己一个缓冲期，先用天然糖代替精制糖，如用蜂蜜取代白砂糖，逐渐将口味改变，从而达到戒甜减肥的目的。

2.下腹赘肉

下腹赘肉主要是由于缺乏运动，每天总待在办公室，吃饱了就坐，有时更因为工作忙，连水都喝不上一口，久而久之，下腹上的脂肪就多了起来。

要想减掉这些多余的脂肪，首先，要改善你的消化机能问题。多喝乳酸菌饮品可清肠；增加纤维素的摄取量，以加速肠胃的活动机能。其次，要少吃含盐高的食物，因为盐分是造成体内积水的重要因素。

3.腰部赘肉

身体内多余的脂肪聚集在腰部，形成赘肉，让你的身材毫无线条可言，这当然是贪吃造成的。

所以，在用餐时，一定要放慢进食速度，这可以让你提早感到饱意，从而减少食量。也可以在吃主菜前先吃一盘生菜沙拉，这样既能吃饱又不用怕胖。另外，尽量不吃煎、炸、油腻品，多选择清蒸菜系列。坚持一段时间，你就会发现，腰部赘肉减少了，曲线也有了。

4.塑造翘臀食谱

(1)少吃含动物性脂肪多的食物。食用过多的奶油或乳酪会造成臀部下垂，所以最好多吃大豆之类的原植物性蛋白质，或是热量低且营养丰富的海鲜。

(2)多吃富含纤维素的食物。南瓜、甘薯、芋头这些都是富含纤维素的蔬菜，多吃这些蔬菜可促进肠胃蠕动，减少便秘，从而创造纤瘦且健美的翘臀。

(3)多吃含钾量高的食物。足量的钾可促进细胞的新陈代谢，顺利排出体内毒素。青菜和水果中含有大量的钾。此外，糙米饭、全麦面包、豆类等也含有大量的钾元素，多吃会让你的臀部更翘挺。

请看几位女明星的瘦身秘诀：

1．刘嘉玲——苹果瘦腿妙方

娇俏可人的刘嘉玲是演技派美女，她流畅自然的表演，没有一点做作的感觉。虽然现在她已不再年轻，但她妩媚动人的身姿，加上她的修长美腿，更显出她十足的女人味，证明了她的风韵与魅力。而苹果大餐是刘嘉玲瘦腿的秘诀，因为苹果含钙量比一般水果丰富很多，有助于新陈代谢，更可解决便秘的苦恼，还可以促进血液内白细胞的生成，促进神经和内分泌功能，有助于美容养颜。

2．张曼玉——"一粒米"减肥

香港著名影星张曼玉虽然已是不惑之年，但仍以其高贵的气质与精湛的演技为标志，被称为"钻石美女"。她的一颦一笑、一举一动都充满了女人特有的魅力。刚'出道'时，她就已经是著名的美腿佳人了。虽然在演艺圈打磨了这么多年，但她的魅力随着她的成熟更是有增无减。她的减肥秘诀就是"一粒米"减肥法，即每天用一粒米在手腕上做按摩，因为手腕上有很多穴道，把小小的米粒压在不同的穴道上，就可以有效刺激内脏、大肠蠕动，可以轻松减去身体不同部位的赘肉。将4颗米粒贴在中指、食指第二节处，4粒米正方形排列，经常轻轻按压就可以减去大腿的赘肉。

3．金喜善——蜂蜜减肥法

金喜善可以说是韩国最炙手可热的偶像女星之一，而在进入演艺界前，她还是一个毫不起眼的"小胖妹"。她的食量并不大，但她喜欢吃甜食，就是戒不了甜品的诱惑，最后是朋友介绍的"蜂蜜减肥法"，让她拥有了现在迷人的好身材。

其实蜂蜜的糖分很高，但是它含有丰富的维生素，有润肠的作用，可以及时清理肠内的垃圾。身材变胖、身体不好的人，最适合食用蜂蜜。只要用30克的蜂蜜加入一升的水混合，也可加两大汤匙的苹果醋来调味，连续喝个两三天，就会有令人意想不到的效果。

4．李英爱——葡萄减肥法

凭借《大长今》在西班牙加泰隆尼亚国际影展上获得"最佳女主角"奖的李英爱，有着白皙的肌肤、清纯的眼神，已经31岁的她依旧拥有少女一般靓丽的外形，同时周身又散发着成熟女人的迷人韵味。很久没露面的身材修长的李英爱体重也增加了不少，但在使用了她自己常用的"葡萄减肥法"后，又恢复了苗条的身材。方法很简单，在一周内，每天只吃葡萄、喝水，最好还要食用冲泡式的葡萄糖，用它来消除疲劳、补充体力。每天摄取充足的水分，一个礼拜后不仅身材变瘦了，皮肤也变得更漂亮了。

清晨多爱自己9分钟

早晨睡醒后，不要急于起床，在床上做9分钟的保健运动，可使你一整天都精神焕发、神采奕奕。

第1分钟：手指梳头

双手十指张开，稍弯曲如耙状，将双手小指放在前额发际处，大拇指放在鬓角前，用中等稍强的力量，从前向后匀速梳理，至颈后部发根处，然后绕耳返回原位置。动作以缓慢柔和为佳，边梳边揉按头皮更好，反复数次，会顿觉头脑清新、耳聪目明。

用手指梳头，可以增加头部的血液循环，增加大脑的供血量，促进神经系统的兴奋，预防脑部血管疾病的发生；同时，通过手的梳理按摩，可使头部气血流畅，头发乌黑又有光泽，所谓"手过梳头头不白"。

第2分钟：轻揉耳轮

用双手的拇指和食指轻揉左右耳的耳郭，可以从上到下揉，也可从下向上揉，反复数次，直至双耳发热为止。因为耳朵上布满穴位，这样做可使经络疏通，尤其对耳鸣、目眩、健忘等症，有防治作用。

第3分钟：按摩双眼

闭上双眼：(1)揉天应穴。以双手大拇指按左右眉头下面的上眶角处，其他四指弯曲如弓状，支在前额上。(2)挤按睛明穴。用双手大拇指按鼻根部，先向下按，然后向上挤。(3)按揉四白穴。先以左右食指与中指并拢，放在靠近鼻翼两侧，大拇指支撑在下颌骨凹陷处，然后放下中指，食指在面颊中央按揉，注意穴位不要移动。(4)按太阳穴，轮刮眼眶。拳起四指，以大拇指按住太阳穴，以左右食指第二节内侧面轮刮眼眶上下一圈，上侧从眉头开始，到眉梢为止，下面从内眼角至外眼角止，先上后下。

做完后睁开双眼，转动眼球，可按顺时针和逆时针的方向转动，速度要均匀，每个方向转动6～8圈。

眼部按摩可加速眼睛周围肌肉的血液循环，可以防止视力衰退，提神醒目。

第4分钟：轻叩牙齿

叩齿的方法主要有三种，即轻叩、重叩、轻重交替叩。一般来说，牙齿好者宜重叩，牙齿不好者宜轻叩或轻重交替叩。叩齿时要求心静神凝、自然闭口，先叩臼齿36次，次叩门牙36次，再错牙叩犬齿各36次，最后用舌舔牙周5圈即告结束。每天只需花1分钟的时间，即可收到强身健体的功效。所谓"清晨叩齿36，到老牙齿不会落"，说的就是这个道理。

叩齿可以发挥咀嚼运动所形成的生理性刺激，经常叩齿可促进牙床、牙龈和牙体的血液循环，改善这些组织的营养，使牙齿变得更加坚硬而有光泽，使咬肌及牙齿的基部保持和增强机能，并维持其一定体积的充盈度，在一定程度上可以减缓因年老机体萎缩造成的凹脸瘪肋状。已经有牙病的女性，经常叩齿也能起到良好的辅助治疗作用。

第5分钟：按摩肚脐

肚脐附近的"丹田"，被誉为人体的发动机，系一身元气之本。肚脐与十二经络、奇经、八脉、五脏六腑、四肢百骸、骨肉都息息相关。

平躺在床上，排除一切杂念，意守丹田。然后用双手掌对搓，使掌心发热，将掌心置于肚脐上，从右至左按顺时针的方向按摩30次左右，再从左至右按逆时针的方向按摩30次左右，速度不快不慢，力度不重不轻，按摩到腹部发热时为止。

经常按摩肚脐能刺激肝肾之精气，促进恢复阴阳的动态平衡，可促进腹腔内部的血液循环，刺激消化液的分泌，使胃肠蠕动加速，有利于腹部肌肉的强健，使粪便顺畅地排出。这样，可以减少便秘产生的有害物对胃肠的毒害，从而有效防止胃肠病的发生。如能长期坚持按摩肚脐，对许多慢性病如肾炎、冠心病、肺心病、高血压等，都有辅助的治疗作用。同时，还能活络丹田、气海等穴位，有提神补气的功效。

第 6 分钟：收腹提肛

平躺在床上，思想集中，收腹，慢慢呼气，同时用意念有意识地向上收提肛门，当肺中的空气尽量呼出后，屏住呼吸并保持收提肛门 2 ~ 3 秒钟，然后全身放松，让空气自然进入肺中，静息 2 ~ 3 秒，再重复上述动作；同时尽量在吸气时收提肛门，然后全身放松，让肺中的空气自然呼出。提肛运动是预防和治疗肛门疾病，以及促进肛门手术后患者伤口和肛门功能恢复的一种较好的方法。在做提肛运动过程中，肌肉的间接性收缩起到"泵"的作用，改善盆腔的血液循环，缓解肛门括约肌的压力，增强其收缩能力。有效的肛门功能锻炼，还可以改善局部的血液循环，减少痔静脉的瘀血扩张，增强肛门直肠局部的抗病力，促进伤口愈合，以避免和减少肛门疾病的复发。

第 7 分钟：蹬摩脚心

仰卧，先用右脚跟蹬摩左脚心，再用左脚跟蹬摩右脚心，反之亦可。反复数次，直至脚心感到温热。

脚掌是人的"第二心脏"，脚心的涌泉穴是足少阴肾经的起点，常按摩脚心，能活跃肾经内气，强壮身体，防止早衰；同时可促进全身血液循环，对神经衰弱、失眠、周期性偏头痛及肾功能紊乱都有一定的疗效或辅助治疗的作用。

第 8 分钟：辗转反侧

在床上轻轻地翻身，可从左至右，也可从右至左翻，反复数次。这样可以达到活动脊柱大关节和腰部肌肉的目的。

第 9 分钟：伸屈四肢

平躺在床上，双臂弯曲，同时双腿向上曲起，保持 3 秒钟后伸直，反复数次。

通过伸屈运动，可以使血液迅速回流到全身，供给心脑系统足够的氧气和血液，防止急慢性心脑血管疾病的发生，同时可增强四肢大小关节的灵活性。

瑜伽——最适合女人修身养性的锻炼方式

如果说拳击是男人的运动，那么瑜伽就是女性的运动，轻盈空灵、洁净舒展的音乐，配合着身体的一个又一个造型，如清风、如水流、如露珠、如鸟鸣，瑜伽就是女人身心的极致。

练习瑜伽需要有一个光线充足的场地，需要有干净清洁的空间，需要有一份从容的心态。瑜伽不需要激情、不需要冲突、不需要呐喊。瑜伽是 30 岁的女人，成熟平静中有生活的修养和世事的洞明；瑜伽更是 40 岁的女人，略带沧桑的脸上有着温暖的回忆，不再年轻的心里却理想依旧。

■ 瑜伽使女人更美丽

拥有柔软如少女的身躯，美丽纤细的腰身，是每个女人的梦想。用传统而又古老神秘的瑜伽安安静静地修身养性，就可以让爱美的女人有意外的收获。

瑜伽其实并不复杂。一般的体育锻炼，往往注重的是外在的美丽，而内在的东西却很少顾及。瑜伽则不同，它在雕塑外形的同时，还给人一种来源于内心的力量。经过一段由内而外、由外而内的锻炼后，你会惊奇地感受到心态已经变了个样子，不会再为了减几公斤的体重折磨自己，但会因为快乐而美丽，因为美丽而快乐。

■ 瑜伽经典七式

这里介绍瑜伽的 7 个经典动作，让时尚的女人拥有自己的美体理念，保持一颗平静的心，让身体更加灵活、健康，当然更是保持瘦身的秘密武器。

在瑜伽开始之前，先做 2 分钟的准备活动。可做一些颈部、踝部、肩部运动，尽量使各个关节都能活动到位。在练习过程中，每种姿势持续 30 ~ 60 秒。尽量缓慢地深呼吸，体会空气进入你肺部的感觉。

(1) 莲花坐。坐正，双腿向前伸直，曲起右腿，将右腿放在左大腿上，脚心朝上；再曲起左腿，将左脚放在右大腿上方，脚心朝上。挺直脊背，收紧下巴，让鼻尖同肚脐保持在一条直线上。手掌向下放在双膝上。

这一姿势作用于胸口的能量中心，即横膈膜以下部位，包括胃部、膀胱、肝脏和神经系统。主要可以增加头部和胸部区域的血液供应，有助于使人的身心平和稳定，增强专注力，同时还协调新陈代谢，促进消化系统，排出毒素。

(2) 单腿伸展式。坐正，右腿向前伸直，左腿从膝盖向里弯曲，正好碰到右膝内侧，双臂上举伸直，身体慢慢前倾，头尽量向下低，直到你的双手碰到右脚为止。只要你能坚持，可以尽量向前伸展。保持20秒，然后换左腿完成同一动作。

这一姿势作用于身体底部的能量中心，即脊椎骨底端，很好地伸展了腿部肌肉、韧带、腰脊肌，放松髋关节，可以帮助缓解肌肉僵硬和疼痛。另外，它还作用于肾上腺、双腿、骨骼和大肠。当这一能量中心失去平衡时，新陈代谢减慢，消化系统还会出现问题，如令人困扰的腹泻和便秘等，这都是女人机体衰老的反映。

(3) 猫伸展式。双手、双膝和小腿着地，头朝下，臀部和膝盖成一条直线，肩膀和双手成一条直线，吸气，同时收腹，背部慢慢弓起，像猫一样。坚持6秒钟，呼气，然后慢慢地抬起头，姿势还原，放松，然后再做。

这一姿势作用于骶骨的能量中心，即腰部骨骼上，可以活化整个脊柱，放松肩部和颈部，收紧腹肌，同时还可作用于生殖器官并帮助缓解痛经，改善月经不调和子宫下垂，还可以减轻关节炎和加快血液循环。

(4) 抱胸式。以莲花坐姿势坐好，交叉双臂，两手各搭在左右肩膀上。

这一姿势作用于心脏的能量中心，即胸部。可促进心脏和血液循环，对哮喘、呼吸不规则及高血压有一定疗效。

(5) 秦手印。以莲花坐姿势坐好，双手的拇指和食指相抵，其余三个手指伸直放松，把双手放在膝上，掌心朝上。

这一姿势作用于前额的能量中心，即大脑下端、神经系统、鼻、眼，有助于治疗头痛与神经问题。

(6) 倒立。如果这对你来说太难的话，双脚可以不必抬起。但要注意月经期间不要采用这一姿势。

这一姿势作用于头顶的能量中心，包括大脑上端、脑下垂体，有助于治疗失眠症，减缓压力及平复过度兴奋的神经。

(7) 放松式。后背挺直，双臂轻松地置于身体两侧，呼气，向前伸展全身，前额向下，直至碰到膝盖前的地面为止。保持这一姿势 6 ～ 10 秒钟。

这一姿势是结束练习的最佳方式。它可以很好地伸展脊椎骨、背部底端、脖颈和手臂部位，是镇静和放松的绝好方法。

练习瑜伽时还要注意：练前要空腹 2 ～ 3 小时，结束后半小时内不能喝水、吃饭、洗澡，以免破坏体内的能量平衡。

■ 瑜伽饮食规则

(1) 瑜伽强调细嚼慢咽的重要性。咀嚼的速度根据食物的种类而定。在一般情况下，一口食物要保证咀嚼 12 次以上，一定要把食物嚼烂再咽下去。细嚼慢咽好处很多，养成这种饮食习惯的人，食量尽管不大，却更能充分地吸收养分和能量，足够的唾液能很好地与食物混合在一起，帮助肠胃消化吸收。

(2) 就寝前两个小时不要进食。许多人都有吃完东西就躺下来休息的不良习惯，这毛病在晚饭后尤为明显，这样做对身体是非常不利的。就寝数小时前进食，食物可以在体内充分消化，胃部负担减轻，有助于良好的睡眠和休息。多数肠胃病患者有晚间进食的习惯，结果腹部肌肉过分紧张，当人睡着时，体内的肠胃还在剧烈地运动，这样既没有得到好的休息，也造成了肠胃的负担，使消化功能长期处于混乱的状态。如果注意到这个不良的习惯，患者的痛苦也便随之消除。

(3) 不过多使用调味料。也就是说不要在烹饪食品时放入过量的盐、辣椒、胡椒或是其他的植物香料和经过加工的变质香料。这并不是说调料有害，而是这些东西使食物的味道过于强烈，在短时间内满足了口舌之欲，但长期下来对感觉器官会造成巨大的伤害。同时，强烈的刺激使消化系统过多地承受压力，分泌更多的物质来中和这些不适合身体的刺激，对身体健康非常不利。

(4) 每天喝 10 ～ 15 杯的清水。虽然提倡喝大量的水，但在吃饭时千万不要喝水或是饮料，即便是口渴也应该在饭后半小时再饮水。吃饭时不喝水，可以治愈某些皮肤疾病。大量饮水可以清洗一天中体内产生的毒素，保持肌体的水分平衡，抑制过早衰老。身体内水分的平衡可以使女人更加有精力且能保持性情愉快。然而很多女性每天都不能饮用足够的水，还有一些人习惯喝果汁、牛奶或其他饮料，其结果是导致多种疾病和机体混乱。充足的水分，使得肌体不过分依靠食物中的油脂,从而使体内脂肪明显减少,保持身体健康。

■ 蒋雯丽的瑜伽心得

从《牵手》到《刮痧》,再到《大宅门》,蒋雯丽所塑造的每一个人物形象都深受观众喜爱。其实蒋雯丽的运动经历比她的演艺生涯还要长,幼时学体操,学生时代又练过跳高,现在的她则是积极的瑜伽练习者。她始终认为,运动着的女人是迷人的。瑜伽练习可以使自己全身心投入,排除杂念,通过姿势、冥想、调节呼吸等练习,使自己达到一种物我两忘的境界,有利于净化心灵,增加活力,始终保持一种很好的状态。实际上,蒋雯丽在影视剧中的表现已经证明了健身对她的积极影响,精力充沛,皮肤细致,就像她在化妆品广告中说的,像恋爱中的女人,特别滋润。她保养的秘诀就是练瑜伽。

减肥心理自测

根据下列问题选择最适合自己的答案。

1. 半夜醒过来你信步到厨房,打开冰箱门,这时你脑子里的念头是:

　　a. 冰箱里有牛奶吗?

　　b. 晚餐吃的是面条,还是排骨,或者沙拉?

　　c. 吃剩的蛋糕太诱人了,我最好在上班前吃掉它。

2. 最近一次量体重发现自己又胖了两公斤,你会:

　　a. 试着24小时只喝果汁。

　　b. 继续以前的食谱,只是少吃些。

　　c. 开始锻炼身体。

3. 工作繁忙时你会:

　　a. 不时地想吃东西,并总是问自己是不是该吃饭了,晚餐吃些什么?

　　b. 你忘记进食而消瘦。

　　c. 尽量坚持有规律地进食。

4. 工作中发生了一些不愉快的事情,你会:

　　a. 浸浴以放松自己。

　　b. 与朋友一起去喜爱的餐厅会感觉好一些。

　　c. 去健身房锻炼。

5. 在超市里阅读包装上的营养介绍时，你关注的是：

　　a. 卡路里含量。

　　b. 脂肪含量。

　　c. 营养价值。

6. 经期综合征时，你会吃两汤匙冰淇淋，然后：

　　a. 把剩下的都吃完。

　　b. 当天不再吃甜食。

　　c. 放回冰箱。

7. 为了祝贺你最近的提升，你的朋友请你吃西餐，你会：

　　a. 不点面包，点一些价格比平常贵的菜。

　　b. 不再管任何禁忌，尽情狂饮。

　　c. 鱼或者意大利通心粉，拒绝甜点。

8. 当你还是个孩子时，你经常：

　　a. 还没有到吃饭时间，你已经吃了很多零食了。

　　b. 不怎么想吃东西，除非是你最喜欢的食物。

　　c. 需要经常被鼓励吃完所有的东西。

9. 在下面的问题中，请你用你习惯做法逐一做出"是"、"否"或"视情况而定"的回答：

　　a. 无时无刻不在节食。

　　b. 每次吃油炸食品和面食都会后悔。

　　c. 每小时总有几次想吃东西。

　　d. 只吃无脂肪的食品。

　　e. 吃东西时总是不能细嚼慢咽。

　　f. 愿意为家人、朋友的和睦关系而做任何事。

　　g. 每天测量体重。

　　h. 对体重无所谓。

　　i. 经常无精打采。

　　j. 脑子里总有适当的卡路里限度。

10. 在任何情况下，当你过分沉溺于食物中时你会：

魅力篇

a. 厌烦、愤怒、伤心或者压力很大。

b. 在家人、朋友的关爱中，开心得不考虑自己吃了些什么。

c. 吃过之后就后悔了。

评分标准：

题号＼选项	A	B	C
1	1	2	0
2	1	0	2
3	2	0	1
4	1	0	2
5	2	0	1
6	2	0	1
7	1	2	0
8	2	1	0
10	2	1	0

题号＼选项9	是	否	视情况而定
a		2	1	0
b		0	1	2
c		2	1	0
d		0	1	2
e		2	1	0
f		2	1	0
g		0	1	2
h		2	1	0
i		2	1	0
j		0	1	2

解　析：

0～12分：看来，你正是一位"减肥强迫症"患者。与那些吃零食让自己满意的人不同，你总是否定自己的食欲，刻板地进食。你总是担心自己吃得太多会发胖，每次进食之后又总是后悔自己吃得太多。

通常这类型的女性偏爱运动，她们可能与家人或朋友之间有矛盾，或者感情生活遇到问题，或者工作不顺心等。这种情形下，她们唯一能控制的就是放进嘴里的食物。为了减轻体重，她们甚至拒绝出席宴会。渐渐的，这会形成一种减肥强迫症。而她们的体重会突然地显著减少或增加。

建　议：多了解一些你每天应该保证的营养并尽量达到。你应该扩大社交范围，多参加团体活动，并努力告诉你自己食物不会使你发胖，你只是因为尊重自己而进食。

13～26分：还好，你是一位理智的进食者。对你来说，食物只是生命的基本需要，与工作或交朋友一样，但这并不是说你没有享受进食的乐趣，正因为你对自己的体形很自信，所以不必拒绝进食。当你坐下来进食的时候，哪怕是一顿快餐，你也会吃光盘子里所有的东西。

建　议：可能连你自己都不觉得你对食物有这样理智的态度，保持你的良好习惯吧！

27分以上：你面临另一种危险——你是一位食物迷恋者。如果你新陈代谢很快，你仍然可以放开大吃而不用担心长胖，但大部分情况下你会因为吃得太多而发胖；大部分女性都会利用进食来满足自己潜意识里的某种需要，有些人习惯性地逃避想吃却担心体重增加的矛盾，有些人情绪高涨或低落时，她们通常会大量地进食，而有些人在情绪正常的情况下倒比平时吃得更多了，还有些人因为吃得太多而不知道自己饿不饿。

建　议：你可以记录一下一周内每次进食的内容，阻止自己疯狂地进食也会让你不至于肥胖。另一种有效的方法是，当你特别想吃东西的时候让自己忍耐半个小时，然后再问自己你真正需要的是什么。你可能只想和朋友闲聊或透透气而已，即使都不是，你一定也不会像刚才那么渴望吃东西了。

第五章

女人的社交魅力
——尽情展示女性风采

 ## "第一印象" 很重要

女人给别人留下的第一印象直接影响着别人对她的评价，而言谈举止是构成人们对她直接评价的主要因素。许多人在初次交往时，就很快为对方所接受，或被奉为事业的楷模，或被尊为学业上的恩师，或被敬为思想上的领袖，或被求为人生的伴侣。

第一印象的烙印是非常深刻的，很长时间都不容易被改变。在许多回忆录中，常常可以读到这样一段话："他还是老样子，像我第一次见到他的时候……"多少年以后，由于历史的变化更加之岁月的沧桑，一个人怎么会没有变化呢？但在作者眼里，对方还是他初次见到的模样。事实上，不是对方依然如故，而是作者脑中的第一印象太深刻了，没有随着时间的流逝而改变。

在纽约一处晚餐聚会里，有位刚继承了大笔遗产的女宾，极力想给众人留下深刻印象。她花了不少金钱购买貂皮大衣、钻石和珍珠，却忘了花点力气整顿一下面容——那张散发着乖戾之气和自私自利的面容。她并不懂得：一个人脸上的表情要比她身上的衣装重要多了。

显然，好的印象不是靠金钱堆砌出来的，其实一个真实的"你"就足够了，将你最真实的一面表达出来，无论一个微笑，还是一个动作，都会给人留下良好的印象。

那么女性在社会交往中，如何给别人留下良好的第一印象呢？

1. 发挥长处

女人首先要了解自己，把握自己的特点，如外貌、精力、说话速度、声音的高低和语气、动作、手势、神情以及其他吸引别人注意力的能力，等等。要知道，别人正是根据这些特点来形成对你的印象的。如果你发挥自己的长处，别人就会喜欢跟你在一起，并容易同你合作。所以，与人交往，要充满自信，并尽可能发挥自己的长处。

2. 保持本色

善于与人交往的女人，不会因场合的不同而改变自己的性格。保持最佳状态的真我是给人留下美好印象的秘诀。不管是与人亲密地交谈，还是发表演说，都要保持自己的本色。

3. 善用眼神

不管是跟一个人还是一百个人说话，一定要记住用眼睛望着对方。进入人满的房间时，应自然举目四顾，微笑着用目光照顾到所有的人，而不要避开众人的目光，这会使你显得轻松自若。

当然，笑容也很重要。最好的笑容和目光接触都应是温和自然的，并不是勉强做出来的。

4. 先听后行

参加会议、宴会或面试时，切勿急于发表意见，要先等一会儿，了解一下现场的情形：会场气氛如何？别人的情绪怎样，是高涨还是低落？他们是渴望聆听你的意见，还是露出厌烦的神色？只有你觉察到别人的情绪，才能比较容易地接触他们。

5. 集中精力

怎样集中精力？一位专家说："我在跟别人见面之前，通常会静静地坐下来集中思想，然后深呼吸一下，我会思考这次见面的目的——我的目的和别人的目的。有时候我会步行几分钟，使心跳加速，这样踏进门口，就不会再想着自己。我把注意力全集中到那人身上，尝试找出他值得我喜欢的地方。"

6. 态度肯定

肯定的态度很重要。在日常交往中常会见到有些人说起话来声音越来越小，甚至用手捂住自己的嘴巴。没有人愿意跟这样一个态度迟疑的人打交道。冷静是必要的，小心谨慎也不可少，但切勿迟疑不决。

7. 放松心情

要使别人感到轻松自在，你自己就必须表现得轻松自在，不管遇到什么严重的事情，心理上都要尽量放松。学会幽默，不要总是神情严肃，或做出一副愁眉苦脸的样子。应该学会把心情放松一下，否则家人、朋友和同事会对你感到厌倦。

在社会交往中，不要为别人而改变自己的性格，不要摆出虚假的姿态。只要保持真我——最佳状态的真我，就足够了。事实上，做到以上七点，你就已经具有了给别人留下良好印象的神奇力量。

在社交中展示优雅的风度

女人风度，又称女人气质、女人风韵等，它是女人在社会交往中最富有吸引力的因素之一，是女人内在文化修养和道德风貌的体现。有的人认为女人的风度美就是指青春、漂亮、身材好等。其实，这是对女人风度美的误解。美的气质不是靠先天的遗传，也不是靠东施效颦式的模仿，而是靠后天长期的培养而形成的，它通过女人的言行举止、表情神态、仪表服饰等自然而然地流露出来。它较之外表美更含蓄，更能够显现一个人的精神。女人要培养良好的社交形象，就必须努力追求风度美。

风度美包括以下几方面：

1. 气质美

气质是一种精神因素的外部体现。如果一个人具有一定的文化教养、理想抱负、情感个性等，就更能显示出气质美。

2. 行为美

行为美是人举手投足等动作中，所透露出的能引发审美联想的一种美感形式。对女人而言，行为美是塑造女人形象、展现其固有美的气质的重要形式。女人行为美的自我培养可以从以下三个方面入手：自尊、自强；举止自然大方，讲究礼仪；加强文化修养，增强文化底蕴。

3. 语言美

语言是人的力量的统帅，是表现人的风度的重要载体和手段，它能塑造人的各种不同风度，而风度又能使语言的色彩和力量得到极大发挥。所谓语言美，主要指说话文雅、用字恰当、口气和蔼热情、措辞委婉贴切、态度诚恳谦逊、尊重别人。

语言风度是一个人内在气质的言语表现，是其涵养的外化。如果一个女人风度翩翩，会使她具有强烈的人际吸引力，使人仰慕不已。使自己的语言具有风度，是塑造语言形象的重要途径。

风度是一种品格和教养的体现，培养语言风度，首先要提高思想修养。此外，要使语言风度与自己的性格特征相吻合。风度是一种性格特征表现，各种不同的风度增添了人们交际时的靓丽风采。正如卡耐基所说："不要模仿别人。让我们发现自我，秉持本色。"

具有优雅风度的女人，必然富有迷人的持久魅力。优雅的风度像有形而又无形的精灵，紧紧攫住人们的感官，悄悄潜入人们的心灵，从而给人留下难以磨灭的印象。

那么，女人该怎样培养优雅的风度呢？

1. 锻造美好的心灵

一个人潜藏于内心深处的灵魂境界（诸如人格、人品、情操、格调）的高低，可以直接影响一个人的风度。培养风度，先要培养人格。为人正直、坦率、表里如一、诚实守信，这是最基本的。此外，人品的好坏直接影响人的风度。人品包括责任感、任务感、集体感、荣誉感、羞耻心等。人格和人品都是心灵美的体现。

2. 提高文化素养

(1)学习女人神态。女人神态着重指眼神，因为眼神有传情达意的功能。女性朋友在交往中，切忌乱用眼神。游移不定的眼神、冷漠的眼神往往有举止轻浮或孤傲之嫌，因此要学会用柔和、自然、关切的眼神看人，这样才能体现出自己的修养和智慧。

(2)学会着装打扮。年轻女人的着装除了要体现自己的精神风貌外，还要考虑服装与自己的体形、肤色、性格、气质等的和谐统一。切忌不顾自身状况，盲目追赶时髦。因此需要学一点美学知识，提高审美能力，做到量体裁衣、扬长避短是非常必要的。

(3)学习女人的语言。理想的女人语言应该是语音甜美，语调柔和，语速适中，词汇丰富。要达到这4个要求，首先应保护好自己的嗓子，说话切忌声音过高或尖着嗓音，要学一点发声技巧。其次要把握声音的抑扬顿挫，学会控制自己的语音、语调，你可以跟着电台的播音员练习，体会她说话时的语调和语速控制。此外，平时还要注意积累一些优美的词汇，以丰富自己的语言，以便能自然、流畅、委婉、有分寸地表达自己的思想感情。

(4)学习女人的行为姿态。在社交场合中，应该落落大方而又不失稳重。因此要注意在动作、站立、姿态、体态等方面的礼仪规范。如站时不要左右摇晃，不要弓腰驼背，左右肩不一样高；坐时两脚不要左右分开或腿向前伸直打开；走动时不要太快也不要太慢，身体不要左右晃动等。规范行为姿态除了自己要有意识地调节外，最好学一点艺术体操和古典舞蹈。

(5)多欣赏女人艺术作品。"女人艺术"包括艺术作品如文学、美术、音乐、影视等所塑造的理想的女人形象。由女艺术家所创作的文艺作品，具有典雅、柔美的特点。在欣赏这些作品和形象时，要准确把握住其言行举止、表情神态、内心活动的描写与刻画，在脑海里再现其栩栩如生的形象，体验其情感历程和言行历程。同时，欣赏一些男性艺术，这有助于形成柔中带刚的女人风度。

3. 认识自身个性与社会角色的关系

每个人的个性都是由许多复杂因素共同作用形成的，不同的人会体现出不同的个性。个性不同，风度迥异。培养风度美，不是要强求个人改变原有的个性和气质，将人套入一个刻板的模式中去，而是引导人们依据自身的个性和气质特征扬长补短，塑造具有鲜明个性特征的风度美。另一方面，每个人都置身于特定的社会环境，而不是在"真空"中生活，每个人的个性、气质都是在相互联系的人与人的社会关系中体现出来的。不同的人在不同的人际关系中，充当着不同的社会角色，而不同的环境、场合、气氛，对人的个性、气质也有着严格的限制、不同的要求，并不是由着自己的个性任意表现的。如严肃的场合，需要有严肃的风度；轻松愉快的气氛中，需要有活泼幽默的风度；对老人要有比较稳重的风度；对孩子应有亲昵的风度……不同交往关系、场合决定风度的不同要求。因而，一个人在复杂的社会环境中是多角色的，充当什么样的社会角色，就应按照什么样的风度要求去表现，否则便会丑态百出、贻笑大方。

那么，怎样才能使自己在社交中展示良好的风度呢？

1. 要有饱满的精神状态

愁眉苦脸、心事重重的样子在社交场合是不受欢迎的；萎靡不振、无精打采，别人会感到兴味索然，无法与你交往。但若是精力充沛、神采奕奕，就能使对方感到你富有活力，交往气氛也就自然活跃了。

2. 要有出色的仪表礼节

对女人来说，动人的风度和仪表比美貌更重要。

容貌姣好的人，并不等于她的仪表也美；同样的，举止仪表优美的人，也并不一定容貌漂亮。有些女人虽然面貌平凡，但由于她有优美的风度，反而更吸引人。衣冠不整，或者不修边幅的人，常会令人生厌。仪表出众、礼节周到却能为女性增添无穷的魅力。

3. 要有诚恳的待人态度

端庄而不矜持冷漠，谦逊而不矫饰做作，就会使人感到你诚恳而坦率，交往兴趣也随之变浓。但如果你说话支支吾吾、躲躲闪闪，别人就会感觉你缺乏诚意，而从此疏远你。

4. 避免没有教养的行为

一个人要在各种社交场合上给人留下美好印象，就一定要注意风度与仪态。

（1）不要耳语。在众目睽睽下与同伴耳语是很不礼貌的事。耳语可被视为不信任在场人士所采取的防范措施，要是你在社交场合老是耳语，不但会招惹别人的注视，而且会令人对你的教养表示怀疑。

(2) 不要说长道短。饶舌的女人肯定不是有风度教养的社交女人。在社交场合说长道短、揭人隐私，必定会惹人反感。再者，这种场合的"听众"虽是陌生人居多，但所谓"坏事传千里"，只怕你不礼貌、不道德的形象从此传扬开去，别人——特别是男士，自然对你"敬而远之"。

(3) 不要闭口不言。面对初相识的陌生人，也可以由交谈几句无关紧要的话开始，待引起对方及自己谈话的兴趣时，便可自然地谈笑风生。若老坐着闭口不语，一脸肃穆的表情，便跟欢愉的宴会气氛格格不入了。

(4) 不要失声大笑。不管你听到什么"惊天动地"的趣事，在社交场合中，都要保持仪态，顶多一个灿烂笑容即止，不然就要贻笑大方了。

(5) 不要滔滔不绝，在社交场合中，若有男士与你攀谈，你必须保持落落大方的态度，简单回答几句即可。切忌忙不迭向人"报告"自己的身世，或向对方详加打探，要不然会把人家吓跑，或被视作"长舌妇"了。

(6) 不要忸怩作态。在社交场合，假如发觉有人经常注视你——特别是男士，你也要表现从容镇静。若对方是从前跟你有过一面之缘的人，你可以自然地跟他打个招呼，但不可过分热情，或过分冷淡，免得影响风度。若对方跟你素未谋面，你也不要太过于忸怩作态，又或怒视对方，有技巧地离开他的视线范围即可。

(7) 不要当众化妆。在大庭广众下打粉、涂口红都是很不礼貌的事。要是你需要修补脸上的妆，必须到洗手间或附近的化妆间去。

(8) 不要大煞风景。参加社交活动，别人都期望见到一张张笑脸，因此纵然你内心有什么悲伤，或情绪低落，表面上无论如何都应表现出笑容可掬的亲切态度。

魅力女人不可不知的社交礼仪

礼仪之所以被提倡，之所以受到社会各界的普遍重视，主要是因为它具有多重重要的功能，既有助于个人，又有助于社会。

1．有助于提高人们的自身修养

在人际交往中，礼仪往往是衡量一个人文明程度的准绳。它不仅反映着一个人的交际技巧与应变能力，而且还反映着一个人的气质风度、阅历见识、道德情操、精神风貌。因此，在这个意义上，完全可以说礼仪即教养，有道德才能高尚，有教养才能文明。这也就是说，通过一个人对礼仪运用的程度，可以察知其教养的高低、文明的程度和道德的水准。由此可见，学习礼仪，运用礼仪，有助于提高个人的修养，有助于"用高尚的精神塑造人"，真正提高个人的文明程度。

2．有助于人们美化自身、美化生活

个人形象，是一个人仪容、表情、举止、服饰、谈吐、教养的集合，而礼仪在上述诸方面都有自己详尽的规范。因此，学习礼仪、运用礼仪，无疑将有益于人们更好地、更规范地设计个人形象、维护个人形象，更好地、更充分地展示个人的良好教养与优雅的风度，这种礼仪美化自身的功能，任何人都难以否定。当个人重视美化自身，大家个个以礼待人时，人际关系将会更和睦，生活将变得更加温馨，这时，美化自身便会发展为美化生活。

3．有助于促进社会交往，改善人际关系

古人认为："世事洞明皆学问，人情练达即文章。"这句话，讲的其实就是交际的重要性。一个人只要同其他人打交道，就不能不讲礼仪。运用礼仪，除了可以使个人在交际活动中充满自信，胸有成竹，处变不惊之外，其最大的好处就在于：它能够帮助人们规范彼此的交际活动，更好地向交往对象表达自己的尊重、敬佩、友好与善意，增进大家彼此之间的了解与信任。假如人皆如此，长此以往，必将促进社会交往的进一步发展，帮助人们更好地取得交际成功，进而造就和谐、完美的人际关系，取得事业的成功。

经常出入社交场合的女性，应该熟练地掌握一些经常使用的社交礼仪，这样对于你的社交活动会有很大的帮助。

■见面礼仪

1．握手礼

握手是一种很常用的礼节，一般在相互见面、离别、祝贺、慰问等情况

下使用。纯礼节意义上的握手姿势是：伸出右手，以手指稍用力握住对方的手掌持续 1 ~ 3 秒钟，双目注视对方，面带笑容，上身要略微前倾，头要微低。

2. 拱手礼

拱手礼，又叫作揖礼，是我国民间传统的会面礼。即两手握拳，右手抱左手。行礼时，不分尊卑，拱手齐眉，上下加重摇动几下，重礼可作揖后鞠躬。目前，它主要用于佳节团拜活动、元旦春节等节日的相互祝贺。有时也用在开订货会、产品鉴定会等业务会议时，厂长经理拱手致意。

3. 吻手礼

主要流行于欧洲国家，男子同已婚妇女相见时，如果女方先伸出手作下垂式，男方则可将指尖轻轻提起吻之；但如果女方不伸手表示，则不吻。如女方地位较高，男士要屈一膝作半跪式，再提手吻之。

4. 合十礼

合十礼又称合掌礼，即双手十指相合为礼，流行于南亚和东南亚信奉佛教的国家。其行礼方法是：两个手掌在胸前对合，掌尖和鼻尖基本相对，手掌向外倾斜，头略低，面带微笑。

5. 鞠躬礼

鞠躬意思是弯身行礼，是表示对他人敬重的一种礼节。"三鞠躬"称为最敬礼。行礼时，应脱帽立正，双目凝视受礼者，然后上身弯腰前倾。女士的双手下垂放在腹前。在我国，鞠躬常用于下级对上级、学生对老师、晚辈对长辈，亦常用于服务人员向宾客致意，演员向观众掌声致谢。

6. 接吻礼

多见于西方等国家，是亲人以及亲密的朋友间表示亲昵、慰问、爱抚的一种礼，通常是在受礼者脸上或额上接一个吻。接吻方式为：父母与子女之间为亲脸、亲额头；兄弟姐妹、平辈亲友是贴面颊；亲人、熟人之间是拥抱、亲脸、贴面颊。在公共场合，关系亲近的妇女之间是亲脸，男女之间是贴面颊，长辈对晚辈一般是亲额头，晚辈吻长辈，应当吻下颌或面颊，只有情人或夫妻之间才吻嘴。

7. 拥抱礼

拥抱礼是流行于欧美的一种礼节，通常与接吻礼同时进行。拥抱礼行礼方法：两人相对而立，右臂向上，左臂向下；右手挟对方左后肩，左手挟对方右后腰。握各自方位，双方头部及上身均向左相互拥抱，然后再向右拥抱，最后再次向左拥抱，礼毕。

■ 交谈礼仪

在社交场合中，经过介绍之后便进入互相用语言交流的阶段。如果说见面是相互认识的第一步，那么，交谈就是相互认识的第二步了。而且交谈时给别人的印象比初次见面时更为深刻得多，因为"言为心声"，交谈中措辞是否恰当？态度举止如何？是否能给别人一种温文有礼、大方明快的印象？这都可以从交谈中表露无遗。

一个善于交谈的女人，她不但在社交场中到处受人欢迎，获得别人的好感，而且在个人事业上也会获得意想不到的成就。

1. 选择合适的话题

当你遇见一个朋友或熟人的时候，不善于交谈，那实在是一个相当尴尬的局面。为了你的快乐与幸福，谈话的艺术是不可不加以注意的。首先就要选择一个比较适合谈话双方的话题。

话题即谈话的中心。话题的选择反映着谈话者品位的高低。选择一个好的话题，使双方找到共同语言，预示着谈话成功了一半。那么什么样的话题才是好的话题呢？

(1) 对方喜闻乐道的事情。在正式场合或非正式场合谈谈有关体育比赛、文艺演出、电影电视、风景名胜之类的话题，往往是比较轻松愉快和普遍能够接受的。孔子曰："仁者爱心，智者爱水。"每个人的志趣爱好不尽相同，对此必须格外注意。

(2) 自己闹过的一些无伤大雅的笑话。例如，买东西上当，语言上的误会，或是办事摆了个乌龙，等等，这一类的笑话多数人都爱听。如果把别人闹的笑话拿来讲，固然也可以得到同样的效果，但对于那个闹笑话的人，就未免有点不敬。讲自己闹过的笑话，开开自己的玩笑，除能够博人一笑外，还会使人觉得你为人很随和，很容易相处。

(3) 笑话。当然，人人都喜欢笑话，假如你构思了大量各式各样的笑话，而又具有说笑话的经验，那你恐怕是最受人欢迎的人了。

(4) 家庭问题。关于每个家庭里需要知道的各方面的知识，例如儿童教育、购物经验、夫妇之间怎样相处、亲友之间的交际应酬、家庭布置等等，这一切，也会使多数人发生兴趣，特别对于家庭主妇们。

(5) 健康与医药。谈谈新发明的药品，介绍著名的医生，对流行病的医疗护理，自己或亲友养病的经验，怎样可以延年益寿，怎样可以减肥等，这一类的话题，不但能吸引人的注意，而且对人还有很大的好处。特别在遇到对方或其家人健康有问题的时候，假如你能向他提供有价值的意见那他更是会对你非常感激的。

(6) 轰动一时的社会新闻。假使你有一些特有的新闻或特殊的意见和看法，那足够把一批听众吸引在你的周围。

(7) 惊险故事。特别是自己的或朋友的亲身经历的惊险故事，最能引起别人的注意。人们的生活常常不是一帆风顺的，可能会遇到各种各样的困难和危险。怎样应付这些不平常的局面，怎样机智地在间不容发的时候死里逃生，都是永远被不会漠视的题材。

(8) 运动与娱乐。夏天谈游泳，冬天谈溜冰，其他如足球、羽毛球、篮球、乒乓球等都能引起人们普遍的兴趣。娱乐方面像盆栽、集邮、钓鱼、听唱片、看戏，什么地方可以吃到著名的食品，怎样安排假期的节目等，这些都是一般人很感兴趣的话题，特别是有世界著名的音乐家、足球队前来表演的时候，或是有特别卖座的好戏、好影片上演的时候，这些更是热闹的闲谈资料。

选择话题时，还要注意以下两点：

(1) 不要选择迎合他人的话题。曲意逢迎、百般讨好会被认为没有个性、原则。

(2) 要回避对方忌讳的话题，不应强人所难。下列话题通常不适宜谈论：

①过分地关心和劝诫。物极必反，过了头的关心不但不会被人接受，还往往会被人认为是干涉了他人的个性独立与自由。

②个人的私生活。不应询问对方的年龄、婚姻、履历、收入及其他方面的家庭情况。

③令人不快的事物。衰老与死亡、惨案与丑闻、色情与暴力之类的话题庸俗、低级，不宜谈及。

④他人的短长。议论同伴家长里短、单位的人际纠葛、女士的美丑和胖瘦、路人的服饰与发型，都是非常无聊的。

⑤不要谈论自己不熟悉的话题。"人不可自欺"，一知半解、故弄玄虚、不懂装懂，往往会给人留下华而不实的印象。对于不熟悉的事情应洗耳恭听，虚心请教。

2. 交谈时要有好态度

常听见有人这样说："不管他是多么有学问，不管他的话多么有道理，可是他的态度不好，我实在不愿跟他多谈。"

这是一种普遍的情形，一个人要是没有良好的态度，别人就会讨厌他、避开他，不愿和他谈话。对女人来说，交谈时的良好态度尤为重要。

那么，什么才是良好的态度呢？

(1) 对别人表示友好。如果你对人表现出不屑的神情，对他们所谈的话表示冷淡或鄙视，那么，对方与你交谈的兴致也就消失了。

无论别人说的话你喜不喜欢听，同意不同意别人的意见，对于他个人还是应该表示友好。不要因为他说了一句不得体、不适当的话，就否定了他的整个人格。你尊重他，并不妨碍你表示与他有不同的意见。在一种互相尊重的友好气氛中，大家更容易开诚布公地畅所欲言。

(2) 对别人的谈话表现得有兴趣。在别人讲话的时候，要很注意地望着他，如果你东瞧西看，或是玩弄着别的小物件，或是翻弄报纸书籍等，别人就会以为你对他的话没有兴趣了。这时，别人口停心恼，交谈就不能继续，而关系也就破坏了。

在人多的时候，你不能只对其中一两个你熟悉的人有兴趣，你要把注意力分配到所有的人身上，除了特别注意正在说话的人以外，也要偶尔注意其他的人；对于那些说话说得很少，或是神情不大自在的人，你更要特别留意，找机会特别关照一下他们，在他们正因为别人没有注意他们而感到不适的时候，你的关心对他们是莫大的安慰，正好把他们从窘境中解救出来。

(3) 谦虚有礼。谦虚有礼绝不是一种虚伪的客套，绝不是说一些不着边际的客气话。谦虚有礼，一方面真诚地尊重对方；关心对方的需要，尽力避免伤害对方，一方面严格地要求自己，能对自己的意见与看法带着一种"可能有错"的保留态度，虚心听取别人的意见。

(4) 轻松，快乐，富有幽默感。真诚温暖的微笑，快乐生动的目光，舒畅悦耳的声调，就像明媚的阳光一样，可以使谈话进行得生动活泼，使大家谈笑风生、心旷神怡。

但这种微笑，这种快乐，必须具有真实的内容，它出自一个对人充满善意与好感的心胸，它来自一种乐观的朝气蓬勃的气质。至于幽默感，更是需要慢慢培养，它是一种兴致和机智的混合物。富于幽默的人，常常能使人群充满欢声笑语，有时，一个笑话或是一两句妙语，就能驱散愁云，消除敌意，化干戈为玉帛，变凶戾为吉祥。

(5) 能够适应别人。人是复杂多样的，各有各的癖好，各有各的脾性，跟自己气味相投的人在一起就舒服惬意，话多得很；一遇见气味不投的人，就感觉到别扭，不想开口。所谓"酒逢知己千杯少，话不投机半句多"就是这种情形的写照，但是，真正投机的人又有多少呢？所以，一般人就有"知己难得"的感叹。

但是善于跟别人交谈的人是很善于适应别人的。只有把话说到对方的心坎上，才能给交际架起绚丽的彩桥。那么，如何才能做到这一点呢？在社会上，不能适应别人的人多，善于适应别人的人少，因此，善于适应别人的人也就特别可贵了。

①根据别人的兴趣、爱好说话。人们因职业、个性、阅历及文化素养等方面的不同，兴趣和爱好也有所不同。你若知道交际对象某方面的兴趣爱好，在你与之交往时如果先谈些与其兴趣有关的话题，对方就容易向你打开话匣子了。

②根据别人的性格特点谈话。在交往中，交际对象的性格各异。有的性格内向，不仅自己说话讲究方式，而且希望别人说话有分寸、讲礼貌；与这样的人交往，说话要注意方式，尽可能地尊重对方。也有的性格急躁、直爽，说话直来直去，不计较说话方式；与这种人交谈，要开门见山，不要兜圈子。

③根据别人的不同身份说话。在生活中与不同身份的人说话，要针对其身份、职业特点，选择不同的话题。比如你在路上遇到一位农家妇女，谈收成比谈描眉、贴面膜更能引起对方的兴趣。

④根据别人的潜在心理需求说话。要把话说到对方的心坎上，就是要注意揣摩交谈对象心里在想什么。如果你说的话与对方的心理需求相吻合，对

方必定会乐于与你交谈，反之，则会对你说的话漠不关心，甚至产生排斥心理。

3. 交谈要恰到好处

交谈要恰到好处，就是说既要不亢不卑，又要热情谦虚、富有幽默感，这样的谈吐才能给别人留下深刻的印象。

不亢就是谈话时不盛气凌人，不自以为是。即使你是一个很有学识的人，也不要轻视别人，而要用心倾听别人的意见。更何况"智者千虑，必有一失，愚者千虑、必有一得"，别人的意见不见得完全不可取，而自己的意见也不见得全都可取。如果你总是以高人一等的口吻说话，好像处处要教训别人，这样只会引起别人的反感。

反过来，交谈时有自卑感也是要不得的。一个对自己没有信心的人，是难以得到别人的重视和信任的。比如在谈话时，你处处都表现得畏畏缩缩，说什么都不懂，或者显出一副未经世事、幼稚无知的样子，这也是很糟糕的。

自卑与谦虚，两者是大有分别的。谦虚在谈话中受人欢迎，又不失自己的身份，更不等于幼稚无知。"虚怀若谷"、"不耻下问"，这就是交谈中的谦虚的态度。碰到自己在交谈中不了解的话题，不妨请教对方作简单的解释。这样既可避免误解别人的说话，又可表示对对方的赏识，尊重对方，自然使对方也觉得你很有礼貌了。

交谈时诚恳、亲切，也是很受别人重视的。如果你碰到一个油腔滑调，说话不着边际的人，你一定会觉得非常不舒服，甚至会引起反感。自己的心情如此，别人的心情也是一样，因此，在社交的谈话中也须特别注意。

4. 注意说话过程中的礼节

谈话是人们交流感情、增进了解的主要手段，是一门艺术。谈话过程中的一些礼节要特别注意：

(1)谈话超过三人时，不要冷落了某个人。尤其要注意的是，同男士们谈话要礼貌而谨慎，不要在许多人交谈时，只同其中一位男士一见如故，谈个不休。

(2)谈话时要温文尔雅，不要恶语伤人，讽刺谩骂，高声辩论，纠缠不休。不要与人抬杠，也不要打破砂锅问到底。

(3)谈话时要注意自己的气量。当你选择的话题过长或不被人感兴趣时，应立即止住；当有人反驳自己时，要心平气和地与之讨论；有人想同自己谈，可主动与之交流；谈话一度冷场，应设法使谈话继续下去；谈话中途急需退场，应说明原因，并致歉。

(4)谈话时目光应保持平视，轻松柔和地注视对方的眼睛，不要直愣愣地盯住别人不放。谈话应集中精力，不要让人感到心不在焉。

(5)谈话中要善于聆听，要让别人把话讲完，不要在人讲得正起劲时打断他。在聆听中积极反馈是必要的，适当地点头、微笑、重复一下对方的要点，会令人感到愉快，适当地赞美对方也是必需的。

5.交谈中的一些小毛病

交谈时，一般人常犯些小毛病，虽然不很重要，但也可以减低对方与你交谈的兴趣，甚至引起别人的反感，所以还是要小心防范，设法加以纠正才好。

(1)矫揉造作。矫揉造作有多种形式，有人喜欢在交谈中加进几句英文或法文；有人喜欢在谈话中加进几个学术性名词；还有人喜欢引用几句名言，放在并不适当的地方。这会让人觉得你在卖弄学识、故作高深，还不如自然、平实的语言更容易让人接受。

(2)说话有杂音。有些人喜欢在说话的时候，加上许多没有意义的杂音，这比喜欢用多余的字句更令人不舒服。例如：一面说着话，鼻子里一面"哼，哼"地响着，或是每说一句话之前，必先清清自己的喉咙，还有的人一句话里面加上几个"呃"字。这些杂音会使人产生一种生理上的不快之感，好像给你的精彩的语言，蒙上了一层灰尘。

(3)咬字不清。有的人在讲话时，常常会有些字句含含糊糊，叫人听不清楚，或者让人误解了他的意思。所以，在谈话时，不说则已，一旦开口，就最好把每一个字都清楚准确地说出来。

(4)多余的话。有的人喜欢在自己的话里面加上许多不必要的字眼，例如，三句话里面，就用了两次"自然啦"这个词。又有的人喜欢随意加上"不过"这两个字，等等。在社交场合的谈话中，这些多余的字句，最好要小心地加以避免。

(5)用字笼统。有许多人喜欢用一个字去代替许多字，比如，在所有满意的场合，都用一个"好"字来代替，像"这歌唱得真好"，"这房子很好"，"这个人很好"等等。其实，别人很想知道一切究竟是怎样好法，单是一个"好"字，就叫人有点摸不着头脑。喜欢这样说话的人，主要是由于头脑偷懒，不肯多费一点精神去寻找一个恰如其分的字眼。如果放任这种习惯，其所说的话就容易使人觉得笼统空洞，没有内容，因而也就得不到别人的重视了。

(6)喜欢用夸张的语言去形容一件事，以引起别人的注意。例如："这个意见非常重要！""这一本书写得非常精彩。""这样做法是极端危险的。"这样的话讲的多了，别人也就自然而然地把你所夸大的字眼都大打折扣，这就使你语言的威信大为降低了。

■ 宴会礼仪

在当今这个社交活动频繁的社会，许多的人际交往、生意洽谈、事务交涉等，常通过餐饮聚会来促成。因此，无论你的身份地位如何，都有许多参加聚会的机会。而要去参加宴会，就必须知道一些基本的宴会礼仪。

1. 中式宴会的礼仪

中国人吃中餐，就像拿筷子夹菜一样轻松自如，还有什么不明白的地方？可是，真要上大场面，仔细寻思起来，也还有不少礼节必须再三叮咛。

入座之后，首先将餐巾打开平放在膝上，千万记住，那是用来擦手指或嘴唇的，可别把它挂在颈项之间。席间若奉上毛巾，多半是为了方便你擦去吃螃蟹、炸鸡等食物时手上所留的油渍，千万不能用做他途。

至于餐具的使用，须注意的原则是：能用筷子取的，应以筷子夹取，不方便用筷子的才用汤匙，但应避免用筷子或汤匙直接取菜送入口中，最好先置于自己的碗碟中，然后再慢慢吃。用餐时，通常以右手夹菜盛汤，左手则扶碗、端碗，切忌右手拿筷，左手又持汤匙，更不可一手兼持筷子和汤匙。

在宴会中，主人敬酒时，你也必须回敬一杯。敬酒时，身子要端正，双手举起酒杯，待对方饮时即可跟着饮。如果是大规模的宴会，主人只能依次到各桌去敬酒，每一桌可派出代表到主人桌去向主人回敬。敬酒时，态度要从容大方。

用餐时，切忌狼吞虎咽，呼噜作声；骨头、鱼刺等不可吐在桌布上，应置于盛装骨头的专用碟中；取菜时也不可拨弄盘中食物，或是站起来取用远处的食物。

吃完之后，应该等到大家都放下筷子，以及主人示意可以散席，才可离座。

向主人告辞，你照例得和主人握手，握手要用力一点，以表示诚恳。如果多人轮候与主人握手告别，你只要和主人握手道别便可，不宜耽搁主人的时间。

2. 西式宴会的礼仪

参加西式宴会，首先应该向女主人打招呼，然后才轮到男主人。

西餐宴会中还有一个特点，就是席位的安排与中国人的宴会迥然不同。中国人请客一般都用圆桌，西餐是用长桌。男女主人，一般都是在长桌的两端，主宾的位子是在最接近主人的地方，女主宾坐在男主人的左边，而男主宾则坐在女主人的左边。最接近男女主人右边的位子，也是属于主宾的。

宴会中的席位，主人事前大多有安排，在入席前，你要先看你的名卡在哪里，然后入席，如果没有排定座位，而你又不是属于主宾，那你可以坐在远离主人的席位。但是，按照规矩，应该待主人或招待员请你上座方可入席，不可自己闯上去，否则会招人笑话。

上菜的时候，也是女性优先，第一个上菜的是男主人左手边的那位女主宾，其次是男主人右边的那位女主宾，跟着是女宾依次上菜，等到女主人上菜后，才替女主人左边的那位男主宾上菜，顺序轮下去，最后才是男主人上菜。等到女主人招呼吃菜时，客人才可吃，这时，女主人好像是一个司令官。在非正式的场合中，你有时不必等到每个人都上了菜才吃，但必须是你左右两人的菜已经上来，才可以动手吃。这也算是一个小礼貌。

正式的宴会，通常是由服务员用大盘盛着食物托到你的面前，由你自己取食物到碟子里。在这种情况下，通常在你的前面有一张餐单，你可以看餐单内容而考虑你的食量，不要取得太多。按照西方人的习惯，如果你吃不完而把东西剩下来是很不礼貌的，这表示你不喜欢主人的菜式。

在西式宴会中，要是你迟到了，所有宾客都已经就座，在这种场合之下，你要特别小心，不能惊动四座，也不能悄悄地溜入，连对主人也不敢望一眼，这样是很失礼的。你应该走近主人所指定的位置，向主人打招呼，然后坐下来，用点头方式和宾客们打招呼。这个时候，女主人招呼你时，她不必站起来，因为她一站起来所有的男宾客就必须站起来，未免太过惊动全座了。而在你的座位右边的一个男宾客，他就应该站起来，替你拉开椅子，你向他致谢后再坐下。

在宴会进行中，你应该和左右两侧的人轻轻说话，不可以隔着他们和另外的客人大声说笑。口中咀嚼食物时不要说话。如果你需要一些酱料，而它们又不在你的面前，你不能站起来伸手去取，这样也是很不礼貌的，应该请邻座递给你。用完餐后，要等到主人宣布散席才可轻轻地离开座位。更重要的是，餐后必须逗留一段时间才可告辞回家，以示礼貌。

在西式宴会中，有几个细节要特别注意：

(1)凡事由侍者代劳。在西式宴会中，客人除了吃饭以外，诸如倒酒、整理食具、捡起掉在地上的刀叉等事情，都应让侍者去做。在国外，进餐时侍者会来问："How is everything?"如果没有问题，可用"Good"来表达满意。

(2)聊天切忌大声喧哗。参加西式宴会就要享受美食和社交的乐趣，埋头只管吃，一句话不说就会很失礼，但旁若无人地大声喧哗，也是极失礼的行为。音量要控制到对方能听见的程度最佳，最好不要影响到邻桌。

(3)中途离席时将餐巾放在椅子上。在万不得已要中途离席时，最好在上菜的空当，向同桌的人打声招呼，把餐巾放在椅子上再走，别扰乱了整个进餐的气氛。吃完饭后，只要将餐巾随意放在餐桌上即可，不必特意叠整。

■ 舞会的礼仪

舞会是社会交际的一种方式，如何更好地利用这个机会，使自己更受欢迎呢？方法只有一个：做舞会礼节的典范。

具体要求有以下几个方面：

1.良好的个人形象

参加舞会时，必须先期进行必要的、合乎舞会要求的个人形象修饰。修饰的重点主要有三方面：

(1)服装。舞会的着装必须干净、整齐、美观、大方。有条件的话，可以穿格调高雅的礼服、时装、民族服装。若举办者对此有特殊要求的话，则须认真遵循。在舞会上，通常不允许戴帽子、墨镜，或者穿拖鞋、凉鞋、旅游鞋等。在较为正式的民间舞会上，一般不允许穿外套、军装、工作服。穿的服装不宜过露、过透、过短、过紧，这样既不庄重，也不合适。

(2)仪容。参加者均应沐浴，并梳理适当的发型。女士在穿短袖或无袖装时须剃去腋毛。特别需要强调的有两点：一是务必注意个人口腔卫生，清除口臭，并禁食带有刺激性气味的食物。二是身体不适者应自觉地不要参加舞会，否则不仅有可能伤害身体，而且还会影响大家的情绪。

(3) 化妆。参加舞会前，要根据个人的情况，进行适度的化妆。女士化妆的重点，主要是美容和美发。舞会大都在晚间举行，舞者肯定难脱灯光的照耀，与家居妆、上班妆相比，舞会妆允许相对化得浓一些。但除非参加化装舞会，否则化舞会妆时仍须讲究美观、自然，切勿搞得怪诞神秘、令人咋舌。

2. 邀舞的礼节

一个注重社交的人，交谊舞是一门不可缺少的"必修课"。参加舞会向别人邀舞时要注意的礼仪主要有以下几点：

(1) 男女即使彼此互不相识，但只要参加了舞会，都可以互相邀请。通常由男士主动去邀请女士共舞。

(2) 在正常的情况下，两个女性可以同舞，但两个男性却不能同舞。在欧美国家，两个女性同舞，是宣告她们在现场没有男伴；而两个男性同舞，则意味着他们不愿向在场的女伴邀舞，这是对女性的不尊重，也是很不礼貌的。

(3) 如果是女方邀请男伴，男伴一般不得拒绝。音乐结束后，男伴应将女伴送回原来的座位，待其落座后，说一声："谢谢，再会！"方可离去，切忌在跳完舞后，不予理睬。

(4) 邀请者的表情应谦恭自然，不要紧张和做作，以免使人反感。更不能流于粗俗，如叼着香烟去请人跳舞，这将会影响舞会的良好气氛。

3. 拒舞的礼节

拒绝邀舞也能表现出一个良好的思想修养和高雅的文化素质。应注意的礼仪如下：

(1) 一般情况下，你不应拒绝男士的邀请。如万不得已决定谢绝，必须态度和蔼，表情亲切地说："对不起，我累了，想休息一下。"或者说："我不大会跳，真对不起。"对方当然心领神会，不会强邀蛮缠。但在一曲未终时，你应不再同别的男士共舞，否则会被认为是对前一位邀请者的蔑视，这是很不礼貌的表现。

(2) 如果你参加舞会时自带舞伴，当你们跳过一场或几场之后，如果有别人前来邀其共舞，你应开朗大方，促其接受。你的舞伴也应有礼貌地接受。

(3) 如果有两位男士同时去邀请你共舞，应都礼貌地谢绝。如果同意与其中的一个共舞，对另一个则应表示歉意，应礼貌地说："对不起，只能等下一次了。"

(4) 当你拒绝一位男士的邀请后，如果这位男士再次前来邀请，在确无特殊情况的条件下，应答应与之共舞。

(5) 如果你已经答应和别人跳这场舞，应当向男士表示歉意说："对不起，已经有人邀我跳了，等下一次吧。"

4．跳舞的注意事项

(1) 如果身体不适，就不要勉强参加舞会，特别是在你有传染病时更不可进舞场。否则，不仅影响自己的休息，不利于早日康复，而且还容易传染疾病。

(2) 刚学跳舞的女性，下舞场前最好多学几种舞步，否则会影响别的舞伴跳舞。不要在舞场学舞步，这会影响对方的情绪。

(3) 跳舞时如和对方比较熟悉，可以小声地交谈，声音小到不影响其他舞伴为好。对不熟悉的舞伴，不可问长问短，闲聊不止。如果遇到一对密谈的舞伴，就应立即离开。舞伴之间有什么重要事最好在休息时找地方谈，不可在舞场上争论不休、大声喧哗、高谈阔论。

(4) 如有事找人，找到后不能在舞场交谈，要到休息室去谈。更不能在音乐进行中就把人从舞池中拉出来，这会使人尴尬。有事需要到舞池的对面，应绕道而行，不可穿越舞场。

(5) 跳舞休息时，不能把吃剩的果皮等物随手扔掉，这是一种很不文明的行为。

(6) 舞兴要有所控制。不能在舞场上出风头满场飞，捉住舞伴不放，让其他舞伴无可奈何。

(7) 要尊重主人为舞会所进行的一切安排。不管当面还是背后，都不要对舞会安排进行批评或讽刺。不要随便要求改动舞会的既定计划程序，或凭个人兴趣和愿望要求临时改换舞曲，或要求延长舞会的时间。

(8) 切忌争风吃醋。不要为了在异性面前逞强，或受不良情绪指使，对同性过分尖酸刻薄。不要容不得其他女士长得、穿得比自己漂亮，舞跳得比自己好，被邀请的次数比自己多，而说些有失风度的话，与舞场的氛围格格不入。

(9) 异性之间要自重自爱。不要跟刚结识的异性乱开玩笑，说话要注意分寸。不要一厢情愿地要求对方护送自己回家。舞场上撒娇发嗲和浅薄轻浮都是要不得的，稍有不慎，吃亏的还是自己。

5. 舞会上的风采

所谓风采，指一个人由其言谈举止和作风等方面体现出来的美感程度，是一个人外在美与心灵美有机结合的自然流露。

舞会的风采，主要由人们跳舞时的姿态与表情构成，最佳风采应当是姿态优美端庄，表情明朗温和。

无论是公关性质的舞会，或者是其他社交性质的舞会，令人赏心悦目，并加以赞许的最佳舞者风度具体表现为：

(1) 表情自然，举止文明。舞会的音乐、灯光、气氛都营造着一种温馨浪漫的情调，所以在跳舞时的神情姿态也应轻盈自若，充溢着欢乐感。面部表情也应谦和悦目，面带微笑，目光柔和宁静，整个身心都显得十分自然、轻松和愉悦。

跳舞过程中可与舞伴进行适当交谈，交谈内容以轻松话题为宜，比如舞厅装饰的艺术效果、舞曲的旋律、歌手的演唱，等等。应有意避开工作、经济效益、复杂的人际关系或病丧一类的沉重话题，以免影响舞蹈的情趣和舞会的效果。

交谈应简短并选择舞曲较为轻柔时进行，声音不可过高，更不能旁若无人地大声谈笑。舞曲激昂处要避免交谈，否则便会不自觉地加大音量或者出现因听不清楚而将耳朵贴到对方的嘴边等极不文雅之举。

(2) 舞姿端正规范、大方活泼。跳舞时，整个身体要保持平、正、直、稳，无论进退或是左右移动，都要掌握好身体的重心，如果重心不稳就会导致身体摇晃、肩膀高低不一、舞步不和谐，甚至踩了舞伴的脚，这样舞姿就会变形走样，既影响自身形象，同时也会给舞伴造成不快的伤痛。

起舞的正确姿态应是抬头挺胸，双目平视前方，收腹梗颈，使身体重心向下垂直呈平正挺拔状。男女双方相向而立，相距 20 厘米左右，男士向左上方伸出左手，女士向右上方伸出右手，使手臂以弧形向上与肩部呈水平线，男士掌心向上，拇指平展，将女士掌心向下的右手平托住，而不是随便握住或捏紧。男士用右手扶着女士的腰部，女士的左手手指部分只需轻轻落在男士的右肩头即可，而不应满把贴在男士的后肩或是勾住对方的脖颈。

跳舞时双方的身体应保持一定距离，距离的大小往往由舞步决定。

无论哪种舞步，动作要尽可能舒展协调，和谐默契，以展示舞蹈的美感与魅力。

仪态美——女性社交魅力的最好体现

大哲学家培根说："形体之美胜于颜色之美，而优雅的行为之美又胜于形体之美。"

仪态美是指人的仪表、姿态所显示出来的外在美。仪表，主要是指装饰装束；姿态，主要是指行为举止的姿势形态。

如果一个女人拥有优雅端正的体态，敏捷协调的动作，优美的言语，行之有效而又大方的修饰、甜蜜的微笑和具有本人特色的仪态，即使是容貌平平，也会给人留下美好的印象。

所以，女性最珍贵的是内在的美，有学识、有修养。品格高尚有理想的女性，她的言谈举止是非常自然的，不会流露出一点粗俗，女性的内在美，才是永久的美，不会凋谢的美。

美丽的女性，大自然赐给她好运气，可是她不应该骄傲，因为一个人的青春是有限的。相貌平平的女性，也不必自暴自弃，只要从其他方面努力，善处环境，珍视前途，同样可以创造幸福的生活，拥有精彩的人生。世界上有不少杰出、成功的女性，由于她相貌上有了缺憾，于是把心志专一集中于事业上，结果取得很大成就，为世人所尊敬。

女性优雅的仪态是从日常生活中表现出来，主要包括食的仪态、立的仪态、坐的仪态、行的仪态、衣的仪态、笑的仪态等。一个受人尊重的女性，并不是最美丽的女性，而是仪态最佳的女性。

■ 食的仪态美

现代社会的职业女性一切求快，而往往忽视了吃东西的"艺术"，这是大错而特错的，因为由吃的仪态可看出一个女性的家教修养。

(1) 在公共场合吃饭时切忌高谈阔论，影响邻桌的客人，尤其是当你跟你的"另一半"及你们"爱情的结晶"出现在餐馆时，更不可因小孩不听话而动怒打骂，这种情景在日常生活中经常可以见到。如果这样做，不但你的先生没有面子，而且会影响孩子的食欲，当然最主要的就是你失去了一个现代女性的仪态美。

(2) 在饭桌上切忌谈论一些不雅的事情，比如"我今天在街上看到了地下污水水管阻塞，脏物四溢……"之类，这会严重影响大家的食欲的。

(3) 切忌吃饭时发出"吧嗒"嘴声，这样会让人觉得没有教养。

(4) 要注意拿筷子的样子、喝汤的姿态、嚼饭菜的口型、拿碗的动作等，均应以自然为主，千万不可为了"美"而做作，否则将会适得其反。

■ 立的仪态美

1. 站姿的基本要求

(1) 抬头，颈挺直，同脊椎骨成一条直线，双目向前平视，下颌微收，嘴唇微闭，面带笑容，动作平和自然。

(2) 双肩放松，气向下压，身体有向上的感觉，自然呼吸。

(3) 躯干挺直，直立站好，身体重心应在两腿中间，防止重心偏移，做到挺胸、收腹、立腰。

(4) 双臂放松，自然下垂，稍微移向臀部后面，手指自然弯曲。

(5) 双腿立直，保持身体正直，双膝和两脚后跟要靠紧。

当腿和手的姿势略有变化时，如站"丁"字步，双手要在体前交叉等，这样仍不失女性的优雅美感。正确优美的站姿会给人们以挺拔俊美、庄重大方、精力充沛、信心十足和积极向上的良好印象。

2. 站姿的方式

(1) 正式站姿。这种站姿一般适合于在正式场合，肩线、腰线、臀线与水平线平行，全身对称，目光直视，所表达的是一种坦诚的、谦和的、不卑不亢的形象。常以这种姿势站立的女性是职业女性，其训练有素的正式站姿已形成自己的风格而融入平时的生活中去。

(2) 随意站姿。这种站姿要求头、颈、躯干和腿保持在一条垂直线上，或两脚平行分开，或左脚向前靠于右脚内侧，或两手相互搭，或将一只手垂于体侧。这种随意站姿有时是一种随性的站姿，有时表达了淑女的含蓄、羞涩、收敛。微微含胸、双手交叉于腹前，手微曲放松，则表达了一种性感女性的曲线之美。倾斜的肩、分开的脚、突出的胯无论从哪个方向来看都具有一种动感。有时又表达了一种健壮的肢体美，让人有一种上升的感觉，力量从内向外慢慢渗透出来。

(3) 装扮站姿。这是一种具有艺术性和表现欲望的站姿，在表达情感上最为生动，有时甚至会感到夸张。在 T 型舞台上、艺术摄影中常可以见到这种站姿。头斜放，颈部被拉得修长而优美，一手叉在腰上，脚左右分开，重心在直立腿上，向人们在展示一种自信的美，一种艺术的美。

3. 优美站姿的练习方法

(1) 挺胸练习：这是最基本的动作，要注意胸部的挺直，双肩放松，双臂自然下垂，由 10 分钟增加到 20 分钟，练 1 个小时，这样慢慢就可以改掉驼背的毛病。

(2) 收腹练习：不但有助于仪态美，同时更有助于身材的优美，使腹部的肌肉紧缩而不会出现过多的脂肪，无论走路、站立、坐着，都要随时随地注意收腹。

(3) 丁字形站立：可以对着穿衣镜练习，一条腿在前，一条腿稍后，但前面的腿的膝部最好微弯，以增加腿部线条的优美，将全身的重量放在后面那条腿上，腰部可稍微地扭向一边，但也不可过于扭曲，那样就显得不自然了。如果你手拿皮包的话，不妨将空着的手扶到皮包上，这样会更显出仪态的优雅。

■ 坐的仪态美

在日常生活中，常可看到一些打扮入时的女性，谈话时神采飞扬、风趣幽默，但是再看她们的坐姿，那可真是五花八门，绝对不能用"美"来形容了。

优美的坐姿，要求上身挺直，两眼平视，下巴微收，脖子要直，挺胸收腹，脖子、脊椎骨和臀部成一条直线。另外，一切优美的姿态让腿和脚来完成。

上身随时要保持端正，如为了尊重对方谈话，可以侧身谛听，但头不能偏得太多，双手可以轻搭在沙发扶手上，但不可手心向上。双手可以相交，搁在大腿上，但不可交得太高，最高不超过手腕两寸。左手掌搭在大腿上，右手掌搭在左手背上，也很雅致。

不论坐何种椅子，何种坐法，切忌两膝盖分开，两脚尖朝内，脚跟向外。

翘大腿坐时，尤其是一脚着地，一脚悬空时，悬空的一只脚尽量让背伸直，不可脚尖朝天。女孩子最忌两脚成"八"字伸开而坐。

虽然这些坐姿做起来都很简单，但是要做得习惯自然，就不是一两天的工夫所能做到的，必须要天天练习、时时注意，久而久之，也就习惯成自然了。

有很多职业女性，可能是因为工作的辛劳及身心的疲惫，往往不能将精神集中到坐姿上，当她们伏案提笔时，往往会出现弯曲背部或趴在桌上的一些不雅姿态。

坐办公室的女性，一天 8 小时的时间，并非一定要像操练一样死板板地挺立，也不需像拍艺术照那样讲究姿态。但是起码应保持身体的自然挺秀。总之，坐姿以让人看了自然舒适为原则。

还有些女职员坐在办公室时，喜欢把鞋子脱下来透透气，这对她个人而言，固然是解脱了，但是却苦了别人。更重要的是，因此而影响了自己优雅的气质和风度，给主管及同事留下一个不好的印象。

■ 行的仪态美

女性的一举一动永远是男性注意的目标，而女性走路的姿态，更是不可忽视的要点，甚至会成为别人对你仪态评价的依据。

通常，走路最容易犯的毛病就是"内八字"和"外八字"，其次就是弯腰、驼背，或者肩部高低不平、双手摆动幅度过大，或臀部扭动过剧，或步子小，频率太快等，这些走路的姿态，都足以影响女性的仪态美。

正确的走路姿态是靠训练而来的。首先就是要纠正站立的姿态：双腿合并，挺胸收腹，下巴向内微收，双手自然下垂，眼睛平视。考核站姿最佳的方法便是把身体贴近墙壁，尽量使后脑、双肩、腰部、臀部及脚后跟靠近墙壁，使身体成为一条直线，切忌弯腰凸肚、仰天俯地。

当你的站立姿态得到正确的训练之后，就可以开始训练行走了。

走路的时候，两只脚平行，轮番前进。也许你会认为两只脚是分别踩在两条平行线上，其实不然，两只脚踩的应是同一条线，臀部、腰部要自然摆动，这才是女性的标准步态，这样才会显出女性婷婷袅袅的行的仪态美。

走路时要想保持良好姿态，可遵循以下原则：

(1) 上半身挺直，下巴微收，两眼平视、挺胸收腹、两腿挺直、双脚平行。

(2) 迈步时，应先提起脚跟，再提起脚掌，最后脚尖离地；落地时，应脚尖先落地，然后脚掌落地，最后脚跟落地。

(3) 一脚落地时，臀部同时做轻微扭动，但幅度不可太大，当一脚跨出时，肩膀跟着摆动，但要自然轻松。让步伐和呼吸配合成有韵律的节奏。

(4) 穿礼服、长裙或旗袍时，切勿跨大步，显得很匆忙。穿长裤时，步幅放大，会显出活泼与生动。但最大的步幅不超过脚长的二倍。

(5) 走路时膝盖和脚踝都要富于弹性，否则会失去节奏，显得浑身僵硬，失去美感。

■ 衣的仪态美

爱美是女人的天性，但并不是每个女人都懂得如何打扮自己，有些人花了不少钱买贵重的衣服，但穿在身上却总是缺那么一点完美感；而有的人却能花很少的钱把自己打扮得漂亮又大方，这就是个人审美观的问题了。

一个有穿着品位的女人，绝不会一味地追求昂贵和时髦的衣服。比如一个身材矮胖、腿部粗短的女性，穿流行的窄腿裤或超短裙是肯定不合适的，这样就完全把她的缺点暴露出来了。她应当选择色泽较深，花纹单纯或直条纹的稍宽裤管的长裤或长及小腿以下的长裙，裙摆遮住粗壮的小腿肚为宜，脚下可穿高跟鞋，使裤管遮住鞋跟，这样可使身材看起来修长一些。

此外，衣料的质地也很重要，身材丰满或个性活泼的女性，宜穿软料的衣服，而硬料则比较适宜瘦小的女性穿。

服装的式样对女性的仪态美也有很大影响。短的衣服，适于身材高挑的女性，而身材矮小的女性衣服最好长一些；丰满的女性式样应力求简单，有时不妨带一条长项链，也可起到拉长身材的作用。身体瘦小的女性，式样还可以有些变化，如可在小圆领上加些飘逸的荷叶边，但切忌衣服不合身。

■ 笑的仪态美

笑，是七情中的一种情感，是心理健康的一个标志。对女性来说，笑也很有讲究。在日常生活中，常看到有些女性不注意修饰自己的笑容，而影响了自己的仪态美。笑有很多种，如拉起嘴角一端微笑，使人感到虚伪；吸着鼻子冷笑，使人感到阴沉；捂着嘴笑，给人以不大方的印象。

　　要想笑，嘴角翘。这是公认的美的笑容，达·芬奇的名画《蒙娜丽莎》中的微笑被誉为永恒的经典微笑。

　　美丽的笑容，犹如三月桃花，给人以温馨甜美的感觉，发自内心的笑是快乐的，但切忌皮笑肉不笑，或无节制地大笑、狂笑。因为经常大笑易使面部肌肉疲劳，滋生皱纹，狂笑会影响生理机能导致疾病。

　　愿你讲究笑的艺术，修饰笑的仪容。

　　现代女性要学会运用美的微笑、美的肢体语言、美的表情、美的仪态来展现你的风采，让你美在容颜上，美在言行举止上，进而美在思想上，美在心灵上，从而让你成为有气质、有修养、有风度、有魅力的新女性，以赢得他人的尊重，获得事业和人生的成功！

女人社交自测：女人的坐姿

　　男人的坐姿一般为率性而为之，而女人的坐相却多半有"失真"的成分，是一种不真实的自我形象。果真如此吗？事实上，当一个人的虚伪成了习惯，成为一种固定的模式，便可以说已经具有了真实的一面。

　　简单地举例而言，如果一个女人觉得自己应该文静一些，那么她自然会把坐姿调整到文静的范畴之内，虽然开始有点累，久了，也就成了习惯性的动作。而无疑的，她的"失真"的动作，正是体现了她内心真实的想法——文静，你能说这是不真实的吗？

　　问题：想一想你女友的坐姿，或者你是个妙龄少女，则回想一下，自己的坐姿是怎样的？

　　A. 双脚并拢，外倾于一个固定方向。

　　B. 跷着二郎腿最常见。

　　C. 膝盖靠拢，膝盖以下则叉开。

　　D. 坐时常将脚尖相互交叉。

解　析：

双脚并拢，外倾于一个固定方向：

自视甚高的你，无论在工作上还是爱情上，都有一套标准颇高的自我原则。

对于工作，你竭尽所能，尽量做得比别人更好；对于男友，你要求未来的他一定要有高雅出众的谈吐、卓尔不群的品性、有道有派的仪表，若非一个真正优秀的男人，很难入你的慧眼！不过，尽管你聪明如斯，却完全可能上那些反应敏锐的"花花公子"的当，小心为上策！

跷着二郎腿最常见：

如果你是个跷右脚型的女孩，则较内向而保守，凡事考虑周全才能下决断。端庄娴淑，中规中矩的你，可谓一个典型的传统女性。你渴求一份美满的爱情，却绝对缺少抓住爱情的勇气，只有异性主动向你射出丘比特之神箭，你才可能坠入情网。反之，如果你是个跷左脚型的女子，个性中则富有冒险精神，敢为人先，不让须眉，工作上绝对一流；对于爱情你积极而大胆，却也舍一面忠贞，很容易猎取男人真心的爱！

膝盖靠拢，膝盖以下则叉开：

你是个率性而没有心机的女孩，心里想什么，嘴上就说什么，容易给人不成熟的印象。对于爱情这两个熟悉的字眼，你却大不知是何物。似懂非懂的你，几乎很少为情所困，也不会太在乎有没有异性做伴。恐怕，从你的异性哥们儿中会有人早已暗中注意上了你，他正在耐心地等你"长大"呢，别着急！

坐时常将脚尖相互交叉：

你是个相当拘谨而含蓄的女孩子，社交场合中不免时常出现手足无措、张口结舌的窘态。你较能满足于现状，因此没有强烈的功名意识，一切现在就好。你期盼着爱情的到来，静待着那个欣赏你的他出现。基本上，你是个"嫁鸡随鸡，嫁狗随狗"的本分女子，所以，恋爱中一定要睁大眼睛，别等嫁了后才知道对方"不如鸡"亦"不如狗"，你就只有受一辈子的苦了！

88

资 本 篇

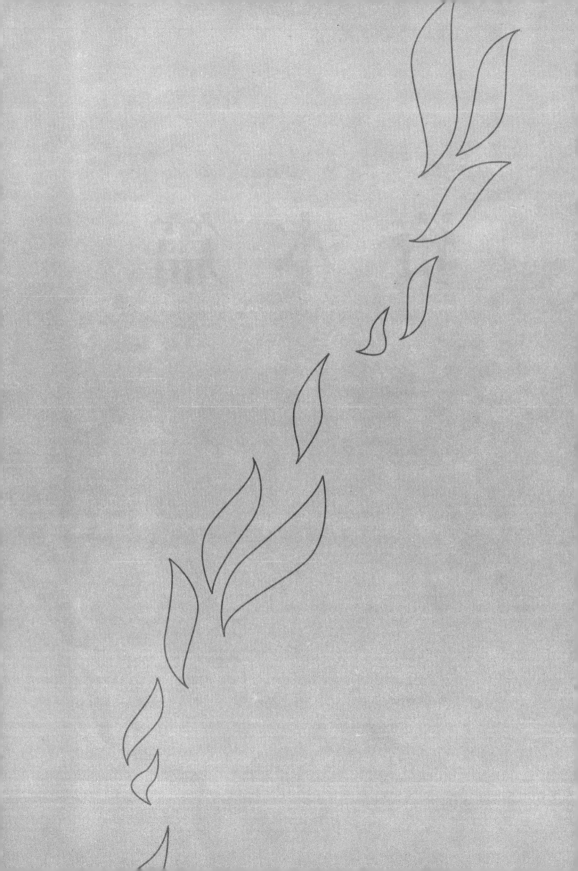

第六章

女人的气质资本
——让你战无不胜

珍爱你的"面子"

"面子问题"对女人来说可是极为重要的事情，她们日复一日，不辞劳苦地在不足十寸的"土地上""辛勤劳作"。工作是如此紧张，颜面问题却不得不重视，费神又费心，所以清新、舒适、简单的化妆越来越受到现代女性的欢迎。

■ 不同肤色的化妆技巧

1. 白皙皮肤

白皙的皮肤较黑皮肤更易显出瑕点，因此应用较浅色的遮瑕膏及粉底。将遮瑕膏分别点在眼睛、鼻周围部位及颧骨等部位，小心按摩眼睛周围的娇嫩肌肤；如果皮肤呈现出任何红色斑块，可改用有修改色调作用的修护粉底，用海绵把两者混合；在颧、面颊及前额点上粉底，涂抹后再扑上透明的干粉；

眼部涂上亚褐色眼影，用柔和的古铜色胭脂扫擦颧部。

2．深色皮肤

大部分深色皮肤有色斑，需要妥善处理。用比你的肤色浅两度的遮瑕膏，扫擦较深色或不均匀的部位；宜使用不含油脂的液体粉底，色调应该比你的肤色浅；轻轻扑上透明干粉。对于黝黑皮肤，你可能需要用有色干粉，可抹上紫丁香或粉红干粉，增加暖色的感觉；然后抹上黄褐色或古铜色胭脂；以灰色或深紫色眼影美化明眸。

3．橄榄色皮肤

橄榄色皮肤看起来灰黄疲乏，因此带粉红色的粉底可以令人精神一振。用遮瑕膏遮蔽瑕点，小心按摩；用湿海绵涂粉底。切勿漏掉耳朵部位，颧骨部分要看起来自然；用大毛刷施上紫丁香干粉，遍扫面及颈项各个部位；用干净的毛刷扫去多余干粉；用黑褐色或紫红色眼影，唇膏用玫瑰红色，令脸部明艳照人。

4．雀斑脸

用浅色液体遮瑕膏遮掩阴影及瑕点，可将白色修护粉底液混合浅米色粉底，调成遮瑕膏，轻轻点在眼睛周围。小心按摩眼睛周围的皮肤；雀斑皮肤只需要少许干粉。如果面部的雀斑显著突出，可以采用化眼妆的方法来转移视线，把他人的注意力吸引到眼睛上。眼线要贴近眼睫毛，用灰色及褐色眼线笔，这样看来比较自然，切勿使用黑色，因为会与浅色的皮肤形成强烈的对比；涂上黑褐色睫毛液，再用软毛刷涂上浅褐色睫毛液，令眼睛看起来自然柔和；用玫瑰色唇膏掺杂玫瑰水，使朱唇保持湿润。要使妆容自然，可用海绵块轻轻抹去多余的颜色；最后在面颊上施上锈色胭脂，使之艳光四射，引来羡慕的目光。

■ 化妆使你容光焕发

女人要学会根据自己的形态特点给自己化妆，正所谓"欲把西湖比西子，浓妆淡抹总相宜"。别把化妆想得太专业、太复杂，只要能使自己看起来容光焕发，就达到了目的。

1．学会打粉底

在上浅色的粉底之前，先在脸上抹上薄薄一层绿色肤色修颜液，然后再擦上少量浅肤色粉底，能使你的皮肤迅速白皙。

2. 眼部化妆技巧

第一步是施眼影粉，眼影粉不能直接抹，应在粉底的基础上施入。涂上以后，要尽量以棉棒使之均匀。第二步是画眼线。画眼线用力要均匀。第三步是上睫毛液。睫毛液一次不能上得过多，先上一遍，等干了之后再上一遍。

3. 秀出闪亮的睫毛

睫毛化妆能给眼睛带来神秘的梦幻般的感觉。在涂染睫毛膏之前，先要用睫毛夹把睫毛夹得翘上去。涂上睫毛时，眼睛视线要向下看，睫毛刷由上睫毛的根部向睫梢边按边涂；涂下睫毛时，眼睛视线要向上看，睫毛刷要直拿，左右移动，先沾在毛端，再刷在毛根上，最后还要把粘在一起的睫毛分开。如果每根睫毛都沾有睫毛膏，而且粗浓均匀，就达到了理想的效果。

4. 不同唇形的化妆技巧

厚嘴唇要先用粉底厚厚地搽一层，盖住原来的轮廓，然后涂一些蜜粉，再涂上口红。要使嘴角微微上翘。薄嘴唇在化妆时，要尽力表现出双唇的饱满，在画唇线时可以稍稍往外画一点儿，在上唇的中央画优美的曲线，使嘴唇显得丰满些。在涂唇膏时不要让原有的唇线透出来。平直的嘴唇要在上唇画出明显的唇峰，下唇的轮廓呈满弓形。涂唇膏时，上下唇的中间颜色要浅一点儿，唇峰的颜色要深一点儿，深浅过渡要自然，突出立体效果。

■ 选择适合自己的化妆品

化妆品具有多种美容护肤功能。它能使皮肤柔软，保持适度水分，还能杀灭皮肤表面的致病菌，兼能收敛、漂白、保护晒黑后的皮肤，是美容护肤的首选之物。

1. 洗面奶

洗面奶含有油脂，能有效地去除面部和手部的污垢，且不伤皮肤，是不可或缺的化妆品之一。如果手部和面部不需作特别的清洁，使用洗面奶是比较合适的。它能适应一般类型的皮肤，而且不论任何季节，一年四季均可使用。洗面奶的品种很多，有人参洗面奶、增白洗面奶、珍珠洗面奶、黄瓜洗面奶等。

在选购时，应根据自己的皮肤性质，挑选合适的洗面奶。

2．乳液

乳液是一种具有流动性的乳化体。其特点是较强渗透性，易被皮肤吸收。乳液的性质介于膏霜和化妆水之间。由于不受年龄、季节的影响，在身体任何部位都能使用，所以深受女性的欢迎。

乳液化妆品名目繁多，有各种奶液、润肤蜜、营养蜜、杏仁蜜、柠檬蜜、西林蜜等。乳液采用和膏霜几乎相同的油分，含量比例占制剂的 5%～15%。这些油分在水中乳化、分散即成乳液。用后感觉舒适，与皮肤亲和性强。

乳液根据其油性分类，有以脂肪酸为主体的弱油性乳液和以高碳醇为主体的相当于中性膏霜的中性乳液，以及相当于油性膏霜的油性乳液。根据其用途分类，有脱污除垢的清洁乳液、营养乳液、手用乳液等。洗面奶即清洁乳液，它能溶解油污，去除皮屑、异物、灰尘等。奶液不刺激皮肤，用后皮肤润滑、清爽、光洁，还可留下一层脂膜以滋润保护皮肤。有的制剂还添加多种氨基酸等营养品，有抗衰、防皱、增白之效。

3．化妆水

化妆水根据使用的目的不同可分为以下几种类型：

(1)收敛性化妆水。收敛性化妆水，也称收敛洗液、爽肤水。它是一种将皮肤蛋白质轻微凝固，对皮肤有收敛、绷紧作用的液体。

(2)柔软性化妆水。柔软性化妆水是一种能补充皮肤的水分和油分，使皮肤柔软细腻，保持光滑湿润的透明液体。

(3)双层化妆水。双层化妆水是一种介于透明化妆水和乳液之间的中间制品，上层为油分，下层为水分，双层界限分明，使用时必须振荡，使双层混合后方可使用。

(4)祛臭化妆水。祛臭化妆水又称祛臭洗液，是防止体臭、腋臭和汗臭的专用化妆水。

(5)防粉刺化妆水。防粉刺化妆水就是一种专门用于防治粉刺和青春痘的透明化妆水。

(6)碱性化妆水。碱性化妆水又称去垢化妆水、润肤化妆水，是为了除去附着于皮肤上的污垢和皮肤分泌的脂肪，清洁皮肤而使用的化妆水。

4.粉底霜

粉底霜的类型与皮肤的类型相反。干性皮肤要用湿润型的雪状粉底，油性皮肤要用乳剂型或香粉状粉底霜。

粉底霜必须有一定的遮盖能力，使人搽后既调整了肤色，又能掩盖面部瑕疵。

使用粉底霜还应注意自己的年龄、皮肤的性质及季节的变化。年龄大的、干性皮肤、冬季适合用湿润型雪花状粉底霜，而年龄小的、油性皮肤、夏季适合用清爽型的香粉状粉底霜。

还要注意自己的脸型，脸型胖的要选择一种比自己肤色暗一点的粉底霜，让脸收敛一点；脸瘦小的可选用比自己肤色浅一点的粉底霜，让脸显得宽大一点。

5.粉底用品

粉底是在乳膏或乳液中掺和香粉的化妆品，常用于化妆时打底色，主要成分是油脂、水分和色粉等。油脂和水分是皮肤必不可少的基本成分，它可以使皮肤滋润、柔软，并富有弹性。色粉决定粉底的颜色，它能够掩盖皮肤上的瑕疵，调整皮肤的色调，使皮肤的质感更加光泽润滑。粉底按其剂型，大致分为4种：

(1)粉底饼。白粉含量80%～90%，是一种水湿润海绵而进行化妆的制品。黏着力强，即使流汗也不脱落，又不粘腻，主要成分接近于粉底条。

使用时要选用和肤色接近的粉底霜，否则会像戴一个假面具似的不自然。

涂敷粉底时分布要均匀，不能引起皮肤过分的干燥。

(2)粉底条。白粉含量约50%，将油性膏状白粉制成条状。携带时盛于方便容器中，可随时备用。这种粉底含有多种成分如二氧化钛、高岭土、滑石粉、氧化锌等，能遮断紫外线，有防晒的作用，因而有利于防治浅色雀斑、色素痣等。

(3)粉底膏霜。白粉含量30%～50%，主要分为2种：

①膏状白粉：将白粉分散于霜剂（雪花膏）或中性膏霜中制成。黏着性及伸展性都好，使用时会很舒适。

②油性膏状白粉：将覆盖力强的粉末分散于无油性膏霜（非乳性膏霜）中制成。其伸展性和黏着性均佳，不易被汗冲掉。舞台用的油彩即属此类。

这一类制品经改良后还可用于掩盖伤痕和色斑。

(4) 粉底化妆水。白粉含量 10%~20%，多将白粉分散于乳液状产品中制成。优点是使用方便，感觉舒适，不油腻，适宜于快速简易化妆。由于是液态，黏着性好，不易散落。缺点是白粉易从乳液中分离。

■ 化妆的"七忌"

化妆的目的是用人工的技巧来增加女性的天然美，完善的化妆效果是自然，即难以在脸上找到化妆的痕迹。

女性要想迅速提高化妆的技巧，以下 7 点要特别注意：

1. 忌化妆品敷用过浓

化妆以最小的用量获得最好的效果。尤其是粉底、胭脂、眼膏之类，敷得不够，充其量显示不出风采，但太多的话，情形可能会很糟糕。

2. 忌补缀的化妆

如果终日不停地在脸上补粉，胭脂之上又加敷胭脂，脸上一定会出现不雅观的斑痕。首先鼻子就由于不断的油粉混合而致发黑。本来一开始就应细腻而完善地化妆，不需要太多的补修工作，要是逗留在外的时间很长，那就干脆洗脸再重新化妆。总之，补缀的化妆，毫无清新洁美之感，应尽量避免。

3. 忌残留粉迹

敷粉后没有留心善后工作，会在眉毛鬓边或衣领上都遗留着粉迹，也许自己未曾发觉，但在别人眼里，却有疏忽和不洁的印象。

4. 忌忙乱草率

匆忙草率的人在赴约前临事慌张、草率零乱，结果打扮一定不会完美。化妆要避免忙乱，首先自己的生活用品，包括化妆品、衣着、鞋袜、首饰及一切配件，必须分类整齐有序地放在固定的位置，并预先保持清洁与完好，这样无形中便可节省许多时间，不会乱七八糟了。

5. 忌不均匀不细腻的敷用

这主要是由于化妆手法不够熟练所致，即使化妆品选对了也无济于事。试想，若颈部与面部之间显出粉末的界限，或者两颊各有一块圆形的脂肪，眉毛像两根黑炭，还有什么美感可言？这种情况的出现，可能归咎于镜子光线不足。所以，一定注意梳妆台的光线，以免劳而无功。

6. 忌不完善的唇膏和指甲油

涂浅淡的唇膏，或是不涂都没有关系，最难看的是饮食之后颜色退落，只剩下边沿一圈，或加涂后显得不整齐、不均匀，会严重破坏面部化妆的效果，剥落斑驳的指甲油也一样要不得。

7. 忌不和谐的颜色和不协调的配合

化妆品是用于辅助人的天然本色，并非与之争妍。只要明白这个道理，就会知道如何依照自己的肤色和服装以及环境来选择妆容，切忌怪异和造作的色调，它们不但使人难看，还会降低身份。

■ 卸妆用品的选择须慎重

要化妆就必然要卸妆，如果不卸妆就休息，化妆品就会使脸部毛孔堵塞，妨碍皮肤呼吸，日久天长，就会使皮肤粗糙或出现色斑。但同样是卸妆用品，其质地和适用人群却各不相同。大致分为以下几类，女性可根据自己的皮肤特点和喜好进行选择。

1. 卸妆液

不含油分，根据配方的不同分为弱清洁和强力清洁两大类。前者用来卸淡妆，使用后感觉十分清爽；后者适合卸浓妆，但容易使肌肤干燥，所以干燥肌肤不宜长期使用，油性肌肤则适合选用。

2. 卸妆乳

乳状质地，使用后很容易用化妆棉或水清理干净，适合中度化妆或者特殊情况临时使用。水油平衡的卸妆乳液很适合中干性肌肤，油性成分可以洗去污垢，水性成分可以留住肌肤的滋润成分，它在卸妆的同时有很好的抗老化功能，其成分完全被乳化，不会对肌肤造成负担。

3. 卸妆油

是最容易卸除彩妆的产品，针对含油脂的化妆品，混水使用后，只需以水清洗便可彻底卸除面上彩妆。

卸妆油的基本成分为矿物油、合成脂或植物油，除了可将化妆品溶解外，还能深层清洁毛孔，浓妆最为合适。其中，植物油最安全，亲肤性好，不会造成过敏、刺激。矿物油在使用上较油腻，卸妆效果不如植物油。合成脂有时会导致面疱和粉刺，或是其他的刺激反应。

4．卸妆棉布

是集卸妆、洁面、促进血液循环及滋润多种功能于一体的卸妆产品，使用起来非常方便，适合外出公干或旅游时使用。其温和的性质在洁面的同时，还可令肌肤享受按摩的感觉。不过很多卸妆棉布都具有清除角质的功效，所以敏感皮肤最好不要早晚使用，隔天使用即可。

5．专用卸妆产品

如眼部、唇部或睫毛卸妆用品，因为眼部的肌肤非常脆弱，容易引起刺激过敏，所以应选择专门为这些部位而设计的质地温和的卸妆产品，还要配合最温柔的卸妆方法，才不会对眼周皮肤造成伤害。双唇的皮肤也格外娇嫩，容易引起刺激或过敏，一般眼部卸妆品也可用于唇部。

■ 卸妆的方法与技巧

卸妆的目的是净肤护肤。具体卸妆步骤要按所用化妆品种类和施行何种化妆术（浓妆、淡妆等）而定。下面为你介绍一般情况下的卸妆方法和技巧：

（1）用眼妆卸妆剂涂抹假睫毛，然后揭去。揭时动作要轻巧，如假睫毛粘得较牢，可用酒精棉球拭掉黏胶再揭，千万不要生拉硬扯，以免造成伤害。

（2）用棉棍沾一点卸妆水，擦去眉眼周围及睫毛处的化妆品。

（3）用化妆棉擦去口红，再抹适量橄榄油或其他植物油。也可以使用唇部专用的清洁乳液或清洁霜，放在化妆棉上，即可温和地卸除口红。

（4）用油质雪花膏涂抹额、颊、鼻和下巴部。

（5）用软纸擦净面额，再用香皂洗脸，还可用洗面奶或净面霜。洗脸时，忌用毛巾用力擦脸，应先把香皂打在手上，轻轻搓擦面部，再用温水冲洗。若用卸妆油或净面霜，则先将油或霜置于双掌上，以指尖在脸上各部位做螺旋式揉搓，使原有的化妆品与油霜混合，再用棉花擦掉。最后以温水冲洗面、颈部。

（6）用化妆水润湿棉花，轻擦脸部，再涂适量雪花膏。

（7）涂乳液（面奶）或营养护肤霜类制品护肤。

以上 7 个步骤，1 ~ 5 步是卸妆和净肤，6 ~ 7 步则是护肤。卸妆一般每天 1 次。天气炎热时可酌量增加次数。

让你的美丽性感而不越位

性感究竟是什么？简单地说，性感就是一种气质。

如今的女人可以主动，可以狂野，也可以热情，这样的女人反而更具有女人味。温柔贤淑、健康丰润且个性丰富的女人就是性感的女人。

现实生活中，有不少女性误把肉感作为性感，张扬的搔首弄姿，这只能是卖弄，而不是有品位。更高境界及富于美感的性感才是我们应该追求的性感，是存在于"骨子里"的性感。

在生活中，要想成为一个人见人爱的美女，就要学会从内至外，从头到脚去发掘、释放及表达你潜藏着的性感魅力！

■ 让自己性感起来

性感这回事，放诸不同的女性身上，自然会散发出不同的味道。例如，"看"来性感与本身就性感，引起人性冲动与诱人遐想的性感，媚俗的性感与优雅的性感自然是不同的层次。

把肉感当性感的女人，为了所谓的性感，不惜一切代价地隆胸丰乳；把搔首弄姿的媚态当性感的女人，不顾一切地表现和张扬。殊不知，弄巧成拙，不仅无法让人体会到性感的美，反而让人觉得有些妖艳。其实，性感是一种高境界的美，性感溶在女人的骨子里。

性感是每种雌性动物都有的天赋条件。从前清纯的朱茵，在形象上搞点"小动作"后，不也可以变得像只性感小野猫吗？女性刚醒来时的一对惺忪睡眼、喝酒后的微昏与一脸绯红何尝不性感？而这正是构成美感的元素。

1. 得体的妆容，化出你的性感

女人的容貌是否性感由五官决定，五官的精致与均称非常重要，因为它能表示出一种与众不同的生动，感染与影响周围的人。只要心地善良，即使五官有些不尽如人意，也可以通过化妆来弥补，突出眼、鼻、嘴这些性感部位，使自己的脸如阳光般灿烂。

但性感的化妆有个底线，那就是无论如何也不要把自己化成一张大花脸。越是真实自然的脸，越容易被别人喜欢，这是由人渴望肌肤相亲的天性所决定的。所以对于女人来讲，30岁之前素面朝天、清爽润泽是最迷人的状态，30岁之后略施粉黛，用优雅与性感来继续你的精彩。

性感化妆重点主要有三点：

(1)用飘逸的线条在眼线和唇线上下功夫。因为线条流畅的眼睛和嘴唇能使你显得魅力十足。

(2)让嘴唇显得厚些。因为厚实的嘴唇本身就充满诱惑，若再用唇妆加以强调，使嘴角上翘，唇峰曲线浑圆，就会显得更加成熟性感。

(3)用色鲜明清爽。唇红齿白本就迷人，如果再配上脸上其他部位的生动颜色，即使仅是点到为止，依然会有精彩的效果。

但必须注意的是，性感的化妆绝不是浓墨重彩，虽然这样做舞台效果不错，但在日常生活中，人与人之间的距离是如此接近，浓妆只会令人退避三舍，即使你性感万分也是白费劲。

一个女人，只需拥有一个简单的化妆包，再花些心思，就能做到性感十足。在这个化妆包里面配备：

(1)一支口红。唇妆不强调过分的光泽，但要有盈润的质感，一抹之间，丰润立现。

(2)一款眼影。眼妆能否与整个脸面的妆容贴切，主要取决于眼影的选择，要选有些微珠光的眼影，可以渲染出洗练明亮的眼妆效果。

(3)一支纤细型的睫毛膏。要达到有妆似无妆的效果就必须用极细的睫毛膏才能描画出这种状态。

(4)一款腮红。性感的气色当然要靠腮红帮忙，用带有自然血色感的腮红，轻轻涂抹就会有无妆的纯然效果。

(5)一款指甲油。纯正优雅的米色指甲油会给你的性感妆容添上完美的一笔。

2. 巧妙着装，搭配出你的性感

俗话说："佛靠金装，人靠衣装。"着装对于人的作用不言而喻，而对于女人来说，得体大方的着装，会使女性的性感显露无遗。

巧妙的服装搭配，通过给人恰到好处的感官享受，可以很好地表现出女人的性感。女人通过服装来体现性感，不是暴露，不是粗俗，更不是玩酷，而是精心选择搭配出来的效果，无论色调、面料、款式，舒适中的飘逸都会产生一种唯美的极致，把女人的身段完美无缺地衬托出来，也把女人超凡脱俗的品位表现出来。

上身穿得短一些，少一些，透一些；下身穿得长一些，薄一些，飘一些，自然就会款款深情，把女人的俏丽妩媚展现得淋漓尽致。

当然，在细节上必须处处显示精致的美感，将高贵和浪漫糅合得天衣无缝，你才能凭借自己的性感着装赢得最高的回头率。

说到底，衣服该怎样搭配怎样穿，其实没有什么固定的标准，只要看上去顺眼和养眼，能够叫人眼前一亮，击节赞叹，你怎么穿都可以。

下面为女性介绍几种最能体现性感的着装风格：

(1) 露肩着装。露肩分单露和双露，衣服款式也有吊带和松紧带两种，露单肩比较风情，露双肩比较性感。

但是，露肩是否性感，与女人的锁骨及臂膀的胖瘦有很大关系。骨感美虽然漂亮，但难以激发男人的欲念；丰满当然不错，但如果有些松弛，怎么看都太过肉感。所以，只有肌肤结实紧绷，质感滑爽光泽，曲线饱满优美，能够从脖颈一路溜滑到指尖的肩，才是真正性感并且值得露出来的香肩美女。

(2) 露背着装。露背不太容易，因为拥有光滑性感后背的女人并不多见。通常来讲，稍有些斑点瑕疵的已经没有资格再去露背，因为后背面积太大，只要稍有问题，别人一览无余后难免就会扫兴。所以除非后背天生丽质，否则还是点到为止，只在后脖颈下方最娇嫩白皙的地方开一扇小窗，其余的就让别人去想象好了。

(3) 低胸着装。低胸款式的衣服能够最大限度地展现女人的性感，如果再穿戴没有肩带的抹胸，内衬一个优质的衬垫，就能令乳峰更加坚挺高耸，也更能使美丽的乳沟加倍神秘。如果低胸低到了乳际线，而且低领上还镶了粉色系的蕾丝花边，那就把女人的性感魅力发挥得淋漓尽致。

(4) 露腿着装。修长的美腿穿迷你裙或短裤，无疑是性感的绝配。但有三点要注意：

①确认你的腿看起来非常光泽柔滑，肤色非常美妙。

②不穿袜子，光脚穿高跟鞋，这样不但保证肌肤温润性感，也使腿看上

去更修长匀称。

③无论是穿超短裙或短裤，都不要翻边，也不要贴袋，色彩不能太鲜艳，质地应该很柔软，这样既合身又舒服，才能穿出青春活泼的魅力。

但是，露腿装也只适合青春妙龄的女孩，年纪稍大些的女人，最好不要穿成这样子。

(5)露脐着装。女人的肚脐最性感的当属棱子形状和猫眼形状，前者是垂直的，有点像菱形；后者比较有棱角，看起来玲珑精巧。此外，微笑形也很有味道。但是，一般只有发育得非常性感的妙龄少女才有这样令人羡慕的条件，所以露脐展示的是青春活泼，它与穿低腰裤同样可爱，前者炫耀的是曲线优美的腰际，后者显摆的是曲线玲珑的翘屁股。只是一旦过了这个年龄，就最好不要选择露脐装了。

■ 打造性感女人的妙方

女人的性感并非与生俱来的，而是通过后天一点一滴的修炼得来的。女人只有凭借内在的潜质和修养，加强自我修炼，才能释放出性感迷人的光彩。但是，凡是懂得经营性感魅力的女人都会注意到：其实每个女人从头到脚都潜藏着性感的音符。这需要女人们用心去发掘，并让它们释放出无限魅力。

1. 牛仔裤贴身穿

十居其九的牛仔裤广告都是在卖弄性感，可见牛仔裤对经营性感的能力。除了牛仔裤广告中的模特本身，牛仔裤广告中经常投射出的不羁与我行我素的形象，在某种程度上都跟性感有几分微妙的关系。例如，为 Guess、Diesel 拍牛仔裤广告的模特儿，乃至当年为 Levi'S 趴在地上卖牛仔裤的钟楚红，都是穿了剪裁完美得体的牛仔裤而令性感指数倍升的。

2. 性感特区戴配饰

女人身上有多个性感特区，如脚踝、耳垂、肩膀、后颈、手臂、锁喉位等，故在脚踝部位带条小脚链，在耳垂上吊个大耳环或小圆圈，在手臂上带个臂环或印个小刺青，在锁喉部位戴条精巧的项链，都能令女人的性感指数明显地上升。

3. 添一点异国情调

异国情调不一定只能吸引西方人，很多人都会被异国情调中那份遥远、野性及神秘的味道所吸引。

4．不经意的小动作

如今的性感指数已超越视觉、身材或是暴露多少的问题，它是一种"全感官"的表达与享受。灿烂的笑脸，天真或带媚态的眼波，沉溺于思考或想象时忧郁或出神的神态，等等，都是比较内敛的性感。

而一些不经意的小动作，如不经意地托腮、不经意把头发潇洒地向后拨、双手轻轻地捧着脸颊、交叉双手轻扶肩头或后颈等小动作，都能透出女性的娇美。

5．懂弹奏或跳舞

会弹奏乐器及跳舞的人总会流露出一种夹杂着性感的感性与温柔，而这种感觉其实比性感更诱人。其中尤以男人弹琴、吹萨克斯，女性拉小提琴或大提琴，跳西班牙舞及探戈时流露的委婉或冷艳的眼神，最能显现性感的魅力。

6．阳光健康的肤色

肤如凝脂固然如新鲜树上熟透的桃子，令人垂涎，但一身阳光健康的肤色配上标准的身材，何尝不是散发性感魅力。

7．保留性感小痣

若你的脸上有小痣，请不要脱之而后快，在适当位置，如耳垂、唇边附近（尤其是上唇右边）与眼角附近的小痣都可以说是"美人痣"。有些本身性感的女人，例如名模辛迪·克劳馥、名作家林燕妮等都在这些部位有颗小痣，以至让人看来更加销魂。

8．真性情

除非你天生冷艳或清高得不可亲近，否则，不敢或不愿外露真我个性的女人，凡事抱着不冷不热姿态，又处处约束着情感的女人，性感都极有限。而那些敢爱敢恨、想笑就笑、想哭就放声大哭、对生命充满热情与敏锐的女性会显得更具感性的性感。

9．呢喃软语绕耳边

法国人之所以被誉为最性感的民族，正是因为法国人表达时充满感性及跌宕有致，而法语就像一种呢喃软语，在适当地方停顿，富有节奏感，韵律优美，让聆听者漫游于你的思维里，这种像叫人与你的思维一起舞蹈的说话风格，不也是一种性感吗？

10. 培养野性的心

若你不是外表带有野性，那么培养一份内心的野性，一样让人觉得你充满神秘感。

11. 穿高跟凉鞋

女性的脚踝及脚部是女人重要的性征，而高跟凉鞋向来就是女性用以张扬腿部性感的武器。男性喜欢凝望女性穿着高跟凉鞋时裸露的脚踝、婀娜的姿态。

12. 感性与性感

性感与感性从来都是相辅相成的。感性是母性，一个感性又温柔的女人，无论思考、语调、一举手一投足都更细腻和更具感染力。因此说，女人缺少感性就不真切、不温柔，最妙的是感性融合了性感。

13. 拥有童真

西方曾经流行冷酷性感，但在主张返朴归真的大趋势下，所推崇的性感却是那种有若孩子般的好奇、天真与热情，眼神里流露出的夹杂着纯真及孩子气的另类性感。例如，碧姬芭铎、玛莉莲·梦露、莉芙泰莱等好莱坞女星本身都很孩子气，又长着一张孩子脸，再配合其魔鬼般的身材，凑在一起便是无敌的性感。

14. 沉思

很多女人虽相貌平平，但一旦陷入沉思中，脸上就会不期然地多了一份性感韵味。那种凝望远处，嘟着嘴或微微侧着脸、托着腮的表情就更惹人怜爱。

15. 适时流露懒态

有人认为，唐代之所以有那么多的美女，除了与当时轻纱妙曼的服饰有关外，还是因为生活于那个盛世时代的女性都沉湎于一种缓慢之美，而脸上及四肢又总挂着一种诱人的懒态。古代女性宽衣解带时的专注与缓慢，秋波流转的神态，说话时的快慢有致，已足以构成一种叫人觉得性感的风情。从"回眸一笑百媚生"的杨贵妃身上，你就能发觉她的丰满、懒态所致的美妙与性感。

成就美丽女人的 10 个条件

世界上有两种女人：一种是美丽的女人，一种是毫无美丽可言的女人。还有些女人虽然面容不美，但却具有吸引人的魅力。这种魅力使女人变得风姿绰约、异常迷人。

成为美丽的女人是每个女人的最大愿望。那么，这种愿望怎么才能实现呢？当然与生俱来的素质很重要，但是后天的培养更重要。

1. 培养气质与个性

一个女人即使容貌美丽，但是缺少独特的气质与个性，就不能称之为富有魅力的女人。所以，女性在言谈举止、化妆、服饰等方面，都要表现出个人的气质与个性，只有这样才能魅力无限。

2. 增加生活情趣

生活中的各个方面都有流行的影子，发型、服装、美食、娱乐，女人也应该跟上时代的潮流，懂得利用闲暇时间充分享受生活的乐趣。有的女人被家务、工作所累，认为自己与这些情趣无关，对外界的变化也不再关心，并且觉得这样过得也很好，这就大错特错了。情趣可以助你开拓生活领域，让你生活得更加愉快。可以通过看电影、电视，和朋友交流，阅读杂志，参观画展，逛街等途径来了解社会的变化，感受时代的变迁，这样才会使你保持既传统又现代的魅力，让你自己的内心更年轻，更充满活力。

3. 陶冶情操

美丽女人都要注意自己的修养，美丽的第一要义就是由内至外的提升。虽然现在的消遣、应酬、家务、工作等事情让女人越来越浮躁、越来越实际，但是切不可因此而放弃自己的内修。可在床头放本喜欢的画册、美文集等，晚上在柔和的台灯灯头下翻阅，这不但可以丰富自己的知识，还可以让人平和宁静。有时间可以去美术馆或音乐厅看看美术作品、听听音乐，拉近自己和艺术的距离，不断充实自己，试着让自己成为一个充满艺术气质的女人。

4．富有创造性

有创造性的女人总是乐于独立思考，她们对事物有自己的看法，敢于发表自己的意见。富有创造性的女人，对周围的事物总感到不满足，于是，她们就会试着去改变它。

很多人都喜欢和这种女人在一块儿，因为她们能够不断地发现新东西、新事物，给周围的人不断带来惊喜。有关新东西的出现，往往会由她们先发现。当她们把这些惊奇带给别人之时，也正是她们最具魅力的时候。

5．求知欲

有求知欲的女性，大多具有生活自主的能力，她们通常都有一份属于自己的工作，并借此来充实自己的精神生活，不时地鞭策自己积极向上，过着相当有意义的生活。她们绝不会把婚姻当成"保护伞"。因而对婚姻质量要求很高，不希望自己完全依赖对方。凡是这样的女人，都有一定的魅力。

6．聪明睿智

现代社会是一个知识的社会，高新技术层出不穷的社会，也是一个充满竞争与挑战的社会，因此，女性生存的压力越来越大。这就要求女性必须有较高的智慧，在商场和职场中，能机智地处理事务，并善于待人接物。聪慧能干是成为富有魅力的女人不可或缺的重要条件。

7．优雅坐立

同样是坐或立，有人显得懒散，而有人就能传递出一种清新优雅的气息，让人看着就舒服。

正确的坐姿应收腹，放松肌肉，并轻轻舒缓肌肉，让自己的姿态在轻松的状态下呈现出最好的效果。

正确的站姿是挺胸，背脊伸直，下巴微收，收腹，双腿内侧使力，脚后跟并拢，膝盖挺直，双肩自然下垂。这样的站姿才会使人看上去显得挺拔、优雅。

8．改变发型

大多数女性都很注重护理自己的秀发，也懂得选择适合自己脸型的发型，但这仍显不足。要想使自己更具魅力，就要学会根据不同的情况，如在工作、运动或看电影时，简便地利用一些小技巧改变自己发型的风格，例如：改变头路，或用丝巾包扎，或戴个小发卡让它与服装相映成趣，人自然也生动许多，并且还时常能给人以惊喜。

9. 清新爽洁

清新爽洁是女性的象征，所以清新爽洁也是具有魅力的女人不可缺少的条件。

10. 装扮得体

一个美丽的女人之所以能妩媚动人，除了气质、优雅的举止之外，她的服饰很重要。实际上女人并不需要在买衣服上花很多的钱，关键是要学会新旧衣服如何搭配、如何协调。这样的话买衣服时就不会冲动、盲目，也不会出门时总是感觉没有衣服。无论流行什么风格，都别忘了扬长避短，要挑选那些能衬托自己体型和气质的服装。

女人，要让你的青春永驻

年轻是女人人生的一个短暂阶段。年轻就是一种资本和财富，虽然人人都梦想永远年轻，永远 18 岁，遗憾的是，谁都无法挽留岁月的脚步。

女性由 30 岁开始，肌肤衰老的迹象开始逐渐在脸上出现。

你会在一些"脆弱"的地方找到皱纹的痕迹：颈侧、唇边、眼角及前额，等等。皮肤不再像昔日那般柔滑细致，虽不至于粗糙，但你能觉察到脸上的肤色开始不均匀，睡觉时枕袋在脸上所造成的"压痕"或者一些微小的伤口及暗疮印，需要较长时间才能离你而去。不仅如此，你脸上的毛孔开始变得明显、粗大，角质层很易积聚在表皮上，而皮肤专家也发现 30 岁女性的肌肤易长暗疮。

还有一点不可不提，在 20 岁时肌肤所受到的紫外线伤害，有 90% 会在 30 岁才出现，所以你会发现，就算很少晒太阳，雀斑也会不断出现及加深。所以要立即采取补救行动，使你依然保持青春的活力：

1. 充足睡眠

正常情况下，理想的睡眠时间是 8 个小时。因为一般在晚上 10 点到清晨 4 点是人体，尤其是肌肤新陈代谢最旺盛的阶段，脑垂体会分泌大量荷尔蒙使皮肤光泽有弹性。如果此时得不到充足的睡眠，很容易在第二天造成皮肤灰暗失色、眼圈发黑、脱水生皱。因此，应当尽量改变熬夜的习惯，保证良好的睡眠。睡前饮杯热牛奶、用热水泡脚或洗个热水澡，舒缓一下身体，可以助你早入梦乡。

2. 多喝水

女人是水做的，人体的主要成分是水，因此一般情况下每天饮用 6 ～ 8 杯水或 2 ～ 3 升水才能维持皮肤含水量的平衡。但喝水是有讲究的，晨起一杯温开水有利于清除肠胃垃圾，促进人体排出污物或毒素；早餐一杯牛奶、豆浆或果汁既补充了机体能量和营养，又补充了身体必需的水分；上班时间多喝水能够缓解疲劳，防止皮肤干涩；晚餐汤粥都含水，营养物质全在内；餐后再吃一些时令水果，有助于消化和养颜。补水过程中应尽量少喝甜饮料，过多的糖分会使皮肤酸化而不利于皮肤的保护。睡前半小时左右不宜再喝水，这样可避免第二天早晨眼部浮肿及眼袋的出现。

3. 常通便

肠道内的"宿便"，是一些寄生虫和细菌良好的'培养基地'，肠道内的 100 多种细菌在摄取"养分"的同时也会不断发酵、腐败，产生有害的毒素和废物，被肠道吸收进入血液，并通过血液循环，将毒素和废物带到肌肤表层，引起面部色斑、痤疮、皮肤粗糙、皱纹和气色难看等皮肤问题的出现。所以，要多吃含粗纤维的蔬菜和粗粮，加强肠道蠕动，利于排便。

4. 饮食均衡

女性在饮食上要能做到既不戒荤也不拒素，每餐荤素合理搭配。不过多摄取含油、糖、脂肪高的食物，以免身体内热量过多，导致皮下脂肪堆积，引起肥胖、痤疮和脱发以及心血管疾病；多摄取一些优质的蛋白类、胶原类和含维生素丰富的食物，如鱼虾、肉皮冻、油菜、金针菜、玉米等。女性为美容和养身的需要，还应经常选配一些具有补气养血的食疗佳品，如银耳枸杞汤、当归红枣炖乌鸡等，以调理身心，达到美颜靓肤的功效。

5. 修身养性

读书可以使人修身养性。"腹有诗书气自华"，丰富的知识一定会让你青春勃发、魅力无穷。读书可以提高你的内在气质，读书可以使你更具魅力！

这是潜移默化的，也是充满神奇的！

6．晨跑

生命在于运动。运动才能使生命充满活力、青春永驻。而最好的运动方式就是跑步了。这种美丽的代价不需要你花很多钱，也不需要你花很多时间。它只要你坚持，一天都不间断。坚持越久你的美丽也就持续越久。跑步，最好是晨跑，因为一天最美丽的时候是清晨，清新的空气会不断地流入你的身体，你的身体就会像清晨的空气一样清新。清新就是青春，就是美丽！

7．有梦想

梦想代表你年轻，而年轻就代表你充满活力！这也是培养你拥有一种乐观精神和浪漫性格的方法。有了这种精神和性格，你就会永远都年轻，永远都快乐！

8．保持好心情

"笑一笑，十年少。"笑口常开，才能青春永驻；无忧无虑，才会使身体里的每一个细胞都快乐而不至于衰老。然而现实生活中令人烦恼的事很多，所以就需要自己给自己创造好心情。有时间多看看喜剧和笑话，开心地笑一笑，使自己保持一个好的心态，你的生命就会保持年轻、美丽！

9．勤洗澡

洗澡可以洗掉沾染你一天的杂质与灰尘，洗掉你一身的烦恼和疲惫。洗澡的过程也是自己做运动的过程。身体的各个关节都在运动，血液循环加速，新陈代谢加快。洗完澡，还可以睡个香甜的觉，一觉醒来，必定神清气爽，容光焕发。

呵护女性肌肤的妙方

如果要问，在金钱、成就、知识、文化、荣誉等诸多方面，女性最关心的是什么？那么，毫无疑问，一定是美丽。

然而，在美丽的细节中，女性最注重什么？

每个女人都会毫不犹豫地说，她们最关心的是肌肤保养的问题。

任何一个女人都希望自己拥有平滑、细腻、鲜艳、嫩泽、光洁而富有弹力的肌肤，在视觉上向别人传递一种美好、新鲜、健康的感觉，同时也为自己营造一种愉快的心情。

但是，事物的发展是不会以个人意志为转移的。尽管女人千方百计地想留住青春岁月，拥有不老的年华，但无奈的是，自然规律是不可改变的。随着女性年龄的增长，皮肤就会走下坡路，一些不讨人喜欢的色斑、皱纹将毫无声息而又万分执着地爬上那经过岁月洗礼的皮肤。

如果你不想过早地失去青春，不想衰老得那么快，那么，就要想一些办法来保持你的青春——这就是肌肤护理的意义所在。

张爱玲说过："出名要趁早。"套用这句话，女人的肌肤护理也要趁早。

要想护理好皮肤，首先要清楚自己的皮肤到底属于哪种类型。

1. 先要了解自己的皮肤类型

如果你对自己的皮肤情况一无所知的话，还是先停下来了解一下自己再继续美容吧。否则，用错了化妆品，非但不会起到美容的效果，还可能使脸上出现色斑或小痘痘。在选择护肤品时，了解自己的皮肤类型很重要。

（1）中性皮肤：皮肤毛孔不太明显，皮肤细腻平滑，富有弹性；晨起时察看皮肤油脂光泽隐现，化妆后近中午时刻出现油亮，面部 T 型区（额头、鼻子及下巴）有油腻；洗发四五天后头发会轻微黏起，并易随季节变化，天冷变干，天热变为油性。如果是这样，你就是中性皮肤。

（2）干性皮肤：皮肤毛孔看不清楚，皮肤无光泽，表皮薄而脆，细碎皱纹多，晨起面部无油脂光泽，化妆后长时间不见油光；洗发一周后，头发既不黏腻也无光泽；耳垢为干性；用手抚摸皮肤感觉粗糙。如果是这样，你就是干性皮肤。

（3）油性皮肤：皮肤毛孔十分明显，大多时间油腻光亮，早晨起来面部油光浮现，而且需要用香皂才易洗清；面部易生粉刺、暗疮，化妆后不超过两小时就面部油腻；洗发后第二天就有黏着现象；耳垢为油性。这种情况你一定归为油性皮肤了。

2. 购买适合自己皮肤性质的化妆品

清洁面部后都要顺手涂一些护肤品。微酸性雪花膏能中和香皂残留在脸上的碱性物质，对一般人都适用。乳液类护肤品涂抹后紧贴皮肤而无油腻感，粉蜜有增白、收敛和减少溢脂的作用，这些适合油性皮肤者搽用。冷霜类是油性护肤用品，干性皮肤者使用最为合适。

3.学会正确清洁肌肤

洁肤不是随随便便用毛巾抹一把脸，这样的清洁方式不仅对皮肤无益，甚至还是有害的。正确的清洁方式能使皮肤处于尽可能无污染和无侵害的状态中，为进一步护肤提供良好的生理条件。

洁肤主要有三个方面的含义：一是要清除掉附着在皮肤上的污垢、尘埃、细菌等；二是要清除掉人体分泌的油污、汗液和老化的角质细胞；三是要彻底清除掉皮肤上残留的化妆品。

可采用清水冲洗，也可以在脸盆中倒入开水，俯首向盆，持续几分钟，让水蒸气熏蒸面部，使皮肤毛孔舒缓张开；再以清洁剂抹在脸上，并轻轻按摩；然后再用温水洗脸，并涂以保湿润肤的护肤品。适当作一下面部按摩、软膜敷面护肤，一则可促进皮肤的血液循环，二则也可进一步清除面部的污垢，保持毛孔舒畅和肌肤的光洁。

在皮肤护理中，防晒是重要的抗衰老的方法。因为阳光中的紫外线会令皮肤产生酵素，分解皮肤中的骨胶原、弹性蛋白，令皮肤出现皱纹。而阳光直射会促使黑色素活跃，导致黑斑、雀斑，从而使肌肤过早衰老。

在选择防晒护肤品时，必须了解其防晒性能。

防晒化妆品的防晒性能，在产品标志上一般用 SPF 和 PA 来表示。SPF 是 Sun Protection Factor 的英文缩写，表明防晒用品防止 UVB 侵害的防晒效果数值，是根据皮肤的最低红斑剂量来确定的。

假设某人皮肤的最低红斑剂量有 15 分钟，那么使用 SPF 为 4 的防晒霜后，即可在阳光下逗留 4 倍时间，即 60 分钟，皮肤才会呈现微红。若选用 SPF 为 8 的防晒霜，则可在太阳下逗留 8 倍时间，即 120 分钟。

对于只在上下班的路上才接触阳光的上班族，选择 SPF 值在 15 以下的防晒品即可，且以面部防晒为主。在旅游、游泳时，人的肌肤长时间裸露在阳光下，防晒品的 SPF 值要在 30 以上。而且，游泳时最好选用防水的防晒护肤品。

此外，肤色白皙者最好选用 SPF 超过 30 的防晒品，以防斑点的产生。

PA 则是 1996 年日本化妆品工业联合会公布的"UVA 防止效果测定法标准"，是目前日系商品中被最广泛采用的标准，防御效果被区分为三级，即 PA+、PA++、PA+++，PA+ 表示有效，PA++ 表示相当有效，PA+++ 表示非常有效。

了解了防晒护肤品的防晒性能后，还应考虑自己的肤色，所处的环境等因素。对以前没有用过的产品，应先将其涂于耳后，观察 48 小时，无不良反应后再使用。

最后，看产品的卫生指标、安全性等步骤也是必不可少的。

防晒品的正确使用方法是在出门前的半小时至 1 小时先行涂抹，就算不出门，在家也同样会受到紫外线的关照，所以每天早上一洗完脸，就应该擦上防晒霜。涂防晒霜时，不要忽略了脖子、下巴、耳际等位置，因为年龄往往最容易在这些地方展露无遗。

防晒除了涂抹防晒油、防晒乳液外，还应该准备太阳眼镜、防晒护唇膏以及防晒的衣物，每天早上 10 点到下午 2 点的紫外线最强，这段时间尽量避免让自己被太阳晒到。

即使阴天或下雨天也有高达 80% 以上的紫外线，皮肤在不知不觉中加速了老化的进程，所以这个时候的防晒抗衰工作更应注意。

另外，日常生活中的一些习以为常的小动作，不但无法保护皮肤，甚至还会破坏肤质，女性朋友们必须要避免：

美容心理自测

请回答下列各题，选"a"得 1 分，选"b"得 2 分，选"c"得 3 分。

1. 将要出席隆重宴会，你决定花笔钱请一个专业化妆师，你会选择：

  a. 靓女化妆师。

  b. 男性化妆师。

  c. 很有经验的化妆师。

2. 你会选择哪种颜色的粉底？

  a. 自然带透明感的粉底。

  b. 跟自己肤色相同的粉底。

c. 比自己肤色略浅的粉底。

3. 购买护肤或化妆品最先考虑什么？

   a. 牌子。

   b. 价钱。

   c. 效果。

4. 日间外出，最常选用的眼影是：

   a. 通常不搽。

   b. 自然款式。

   c. 醒目色系。

5. 最经常搽的睫毛液颜色是：

   a. 不搽／透明。

   b. 黑色／咖啡色。

   c. 七彩颜色。

6. 拥有最多的唇膏是：

   a. 最新款唇彩。

   b. 珍珠色唇膏。

   c. 实色的唇膏。

7. 被化妆品推销员死缠烂打，你会：

   a. 听着有道理，照单全收。

   b. 当我笨蛋？坚决不买。

   c. 选择一种适合自己的产品赶快离开。

8. 最令你烦恼的是：

   a. 暗疮。

   b. 雀斑。

   c. 皱纹。

9. 同期正服食多少种瘦身或健康食品？

   a. 无此习惯。

   b. 3种以上。

   c. 3种以下。

10. 你认为自己要减几磅肉才最理想？

a. 5磅以下。

b. 5磅以上。

c. 10磅以上。

11. 有否定期到美容院做面部或身体护理的习惯？

a. 从来不去。

b. 有需要时。

c. 一星期或两星期一次。

12. 支出在扮靓中占收入的百分比是：

a. 20%以下。

b. 30% ~ 40%。

c. 50%以下。

解　析：

分数为0~15分，不修边幅型：可以想象，你应该是一个不太喜欢化妆，又不怎么护肤，也不多花钱打扮的女子，所以对于美容你知之甚少，可能连最基本的打扮仪容都没做好！

分数为16~22分，自认自信型：对于身边三姑六婆间互相流传的哪种减肥药好，哪种护肤品好，你绝少有冲动去尝试，你胜在很清楚自己的过人优点，懂得怎样去避重就轻，用最简单的方法去赢取最高收效。

分数为23~30分，走火入魔型：为了贪靓，不惜血本，一有美容新产品即刻去买，每个月的支出到月底已经所剩无几。只要可以多瘦两磅，就算搞到厌食，也一样心甘情愿。这样就太走火入魔了！

分数为31~36分，超级自恋型：拿到这样高分，相信你上街前吃饭后，都会找面镜子；客厅里、厕所里、睡房里、公司里、手袋里，必定处处都会有镜子；早午晚每隔一段时间你一定会做的就是照一照镜；每次照镜都要看清楚自己今天是不是够靓，并且还要观察自己在镜中哪个角度最漂亮。你的美容意识太过强烈，达到了自恋的地步。

第七章

女人的心理资本
——获得成功的基础

心态决定命运

　　为什么有些人就是比其他的人更成功、赚更多的钱、拥有更好的工作、更好的人际关系、更健康的身体，而许多人忙忙碌碌最终却一事无成？其实，人与人之间并没有多大的区别。但为什么有些人能够获得成功，能够克服万难去建功立业，有些人却不行呢？

　　这就是人的心态在起作用。一位哲人说："你的心态就是你真正的主人。"一位伟人说："要么你去驾驭生命，要么是生命驾驭你。你的心态决定谁是坐骑，谁是骑师。"

　　可见，心态对人的重要性非常大。

　　心态的划分有两种：积极的心态和消极的心态。任何事情都可以从不同的角度去看它，关键看你是积极的，还是消极的。比如说有两个业务员，天下大雨，可能有一个业务员会想，现在下这么大的雨，刮这么大的风，即使我去了，客户那里可能也没有人在。但另一个业务员可能想：今天下大雨，刮大风，可能别人都不会去，这样，那个客户肯定有空，如果我过去，他很可能有足够的时间接待我，听我的产品介绍。试想一下：哪个业务员成功的机会会更多一点？显然是后者。

日本有个"水泥大王"叫浅野一郎。年轻的时候，和朋友一起到东京谋生。他们都身无分文，但看到东京的街头有人在卖水时，浅野非常高兴地说："东京真是个好地方，连水都能卖钱，看来我们要活下去不成问题。"可是，他的朋友却说："东京真是个鬼地方，连水都要钱，我看我们要活下去很困难。"

"连水都能卖钱"和"连水都还要钱"是两种完全不同的心态。态度不同，结果就会两样。最后谁能成功，也就一目了然了。

著名女作家塞尔玛在成名前曾陪伴丈夫驻扎在一个沙漠的陆军基地里，丈夫奉命到沙漠里去演习，她一个人留在基地的小铁皮房子里，沙漠里天气热得受不了，就是在仙人掌的阴影下也有华氏 125 度。而且她远离亲人，身边只有墨西哥人和印第安人，而他们又不会说英语，没有人和她说话、聊天。她非常难过，于是就写信给父母，说受不了这里的生活，要不顾一切回家去。她父亲的回信只有两行字，但它们却永远留在她心中，也完全改变了她的生活：

两个人从牢中的铁窗望出去，

一个看到泥土，一个却看到了星星！

塞尔玛反复读这封信，觉得非常惭愧。于是她决定要在沙漠中找到星星。她开始和当地人交朋友，而他们的反应也使她非常惊讶，她对他们的纺织、陶器表示感兴趣，他们就把自己最喜欢但舍不得卖给观光客人的纺织品和陶器送给了她。塞尔玛研究那些引人入迷的仙人掌和各种沙漠植物，又学习了大量有关土拨鼠的知识。她观看沙漠日落，还寻找海螺壳，这些海螺壳是几万年前沙漠还是海洋时留下来的……原来墨西哥人难以忍受的环境变成了令人兴奋、流连忘返的奇景。

那么，是什么使塞尔玛的内心发生了这么大的转变呢？沙漠没有改变，墨西哥人、印第安人也没有改变，是她的心态改变了。一念之差，使她原先认为恶劣的生活环境变为一生中最有意义的冒险。她为发现新世界而兴奋不已，并为此写下了《快乐的城堡》一书。她从自己造的牢房里看出去，终于看到了星星。

一个人能否成功，关键在于他的心态。成功人士与失败人士的差别在于：成功人士有积极的心态，用积极心态来支配自己的人生；而失败人士则习惯于用消极的心态去面对人生。过去的种种失败与疑虑所引导和支配的，他们空虚、猥琐、悲观失望、消极颓废，最终走向了失败。

运用积极心态来支配自己人生的人，拥有积极、奋发、进取、乐观的心态，他们能正确处理人生遇到的各种困难、矛盾和问题。而那些运用消极心态来支配自己人生的人，心态悲观、消极、颓废，不敢也不去积极解决人生所面对的各种问题、矛盾和困难，只是一味地退缩，失败也就成为必然。

所以说，良好的心态是女人改变命运、取得成功的最好法宝，一个人能飞多高，是她自己的心态所制约的。因此，女性一定要清醒地认识到心态在决定自己人生成功上的作用：

(1) 你怎样对待生活，生活就怎样对待你。

(2) 你怎样对待别人，别人就怎样对待你。

(3) 你在一项任务刚开始时的心态就决定了最后将有多大的成功，这比任何其他因素都重要。

(4) 人们在任何重要组织中地位越高，就越能找到最佳的心态。你心理的、感情的、精神的环境完全由你自己的心态来创造。

那到底怎样才能选择好积极的心态呢？

第一，选择好你的目标，即弄清楚自己到底需要达成什么样的结果。

第二，选择好能帮助目标达成的信念。这是因为，信念与态度之间是因与果的关系，信念是因，态度是果，即有什么样的信念，就有什么样的态度。

第三，选择好你的目标，即注意的焦点。也就是说凡事要积极思考，将注意的焦点完全集中在你最终想达到的那个目标上，千万不要放在你不想要或得不到的地方。

有一场非常有名的篮球赛，最后2秒投篮决胜负，但是，球员却没投中，他们队也就输给了对方。比赛结束后，有记者采访他，问他投篮的时候在想些什么，他说：我当时一直在想：一定要投中，一定要投中。结果，不知怎么搞的，偏偏把球打在了篮筐上。原因在哪里，显然不是他的技术有问题，而是他的心理有问题。因为投篮那一刻他的注意目标不是"投篮"，而是"投中"。

第四，模仿成功者的态度。与成功者交朋友，模仿成功者的态度、信念、习惯、策略，就是快速成功的最佳策略。今天，你看什么书，跟什么人在一起，可能决定五年后你成为什么样的人。

积极的心态塑造女人迷人的个性

俗话说："人如其面，各有不同。"生活中，每个女人都有其独特的个性特点，有的性情温柔，有的脾气火暴，有的谈笑风生，有的沉默寡言。正是因为有了各异的性情，女人才拥有了万种风情，但绝大多数女性都有一个共同的期盼：拥有迷人的个性。所谓迷人的个性，说白了，就是能吸引人的个性。那么，怎么才算有迷人的个性呢？

如果你温柔可人、乐观自信，而又通情达理、自尊自爱，具有极强的自制力，你就是一位拥有迷人个性的现代女性。这些迷人的个性要如何塑造呢？最重要的一点就是要拥有积极的心态。

积极心态，是无论在任何情况下都应具备的正确心态。

积极心态是具有吸引力的个性。它会影响你说话时的语气、姿势和面部表情，它会修饰你说的每一句话，并且决定你的情绪感受，它还会对你的思想产生影响。

拥有积极心态的女人敢于面对生活和工作中的任何挑战，面对的困难越大，她们的斗志越高。

拥有积极心态的女人从不唉声叹气，从不愁眉苦脸。她们始终坚信，明天的一切会更好。

拥有积极心态的女人不目空一切、高傲自大，她们善解人意，有极强的团队精神。

为了拥有积极心态，你可以在生活中常常暗示自己：我一定可以获得幸福，我的能力很强，我能做好这件事。你也可以用这些提示语暗示自己：

我相信自己能够做到，我就可以做到。

我生活的每个方面，都会一天天变得更好。

现在就做，便能使异想天开的梦变成事实。

我觉得健康，我觉得快乐，我觉得很好。

如果你能一直这样暗示自己，就能日渐乐观，日渐自信并日渐快乐。

那么，什么样的心态才是积极的心态呢？

1．决心

决心是最重要的积极心态，是决心在决定人的命运。

决心，表示没有任何借口。改变的力量源自于决定，人生就注定于你做决定的那一刻。

2．企图心

企图心，即对达成自己预期目标的成功意愿。

人人都想成功，但要想成功，仅仅希望是不够的。大部分人都希望自己成功，而不是一定要成功。他们对成功的企图心不是那么强烈。一旦遇到瓶颈，要做出牺牲时，他们就会退而求其次，或者干脆放弃。

所以，要成功，你必须先有强烈的成功欲望，就像你有强烈的求生欲望一样。

3．主动

被动就是将命运交给别人安排，消极等待机遇降临，一旦机遇不来，他就没办法。凡事都应主动，被动不会有任何收获。被动的人有一点是可取的，那就是他主动将机遇交给别人。

中国有一句古话：枪打出头鸟。这句话保护了一大批精明人士免遭枪打，但同时也造就了无数弱者和懦夫。现在是市场经济，现代社会是竞争的社会，竞争的本质特性就是主动地去获取主动权。如果只是被动地等待机遇的降临，那必定一无所获。

4．热情

没有人愿意跟一个整天无精打采的人打交道，没有哪个上司愿意去提升一个毫无工作激情的下属。一事无成的人，往往表现的是前三分钟很有热情，而成功是属于最后三分钟还有热情的人。成功是因为你对你所做的事情充满持续的热情。

5．爱心

内心深处的爱是你一切行动力的源泉。

缺乏爱心的人，就不可能得到别人的支持，失去别人的支持，离失败就不会太远。

没有爱心的人，不会有太大的成就。你有多大的爱心，就决定你有多大的成功。

6. 学习

信息社会时代的核心竞争力，已经发展为学习力的竞争。信息更新周期已经缩短到不足五年，危机每天都会伴随我们左右。所谓逆水行舟，不进则退，是因为对手也在学习，也在进步。唯有知道得比对方更多，学习的速度比对手更快，才可能立于不败之地。

7. 自信

什么叫自信？自信不是你已经得到了才相信自己能得到，而是还没有得到的时候就相信自己一定能得到的一种态度。

建立自信的基本方法有三：一是不断地取得成功；二是不断地想象成功；三是将自己在一个领域取得成功的"卓越圈"运用神经语言的心理技术，移植到你需要信心的新领域中来。

8. 自律

自律就是要克制人的劣根性。不能自律的人，迟早要失败。很多人成功过，但是昙花一现，根本原因就在于他缺乏自律，忘记了自律。

自律，是人生的另一种快乐。

9. 顽强

成功有三部曲：第一，敏锐的目光；第二，果敢的行动；第三，持续的毅力。用你敏锐的目光去发现机遇；用你果敢的行动去抓住机遇；用你持续的毅力把机遇变成真正的成功。

10. 坚持

假使成功只有一个秘诀的话，那就是坚持。有一句名言：凡事只要你成为专家，一切都会随之而来。只要你坚持做成一件事，今天你所放弃的，明天都会以另一种形式得到。

职业女性如何保持心理健康

社会的进步，科技的发展，使人们追求高质量生活和个人发展的愿望越来越强烈。因此，生活和工作的节奏不断加快，竞争日益激烈，心理压力增大，尤其是职业女性面对家庭和事业的双重压力，心理问题也就越来越多。健康的心理对人们尤其是女人的工作、生活和幸福是非常重要的，当女性认识到这一点时，就会主动关注自己的心理健康。

什么样的心理才是健康的呢？

1.情绪稳定乐观

情绪稳定乐观是女性心理健康的主要标志，是指人能适度地表达和控制自己的情绪，具有乐观向上的生活态度。人都有喜怒哀乐，不愉快的情绪就必须释放出来，以求得心理上的平衡，但不能发泄过分，否则，既影响自己的生活，又加剧了人际矛盾，于身心健康是无益的。这并不是说心理健康的人没有情绪低落的时候，而是说他们的积极情绪多于消极情绪，而且他们的喜怒哀乐等情绪处于相对平衡的状态。

2.人际关系和谐

心理健康的人，能信任和尊重别人，设身处地地为他人着想，也能以恰当的方式让别人理解自己。因而，无论她在什么性质的公司工作，和本公司或本部门的同事关系都很融洽，对双方父母和家庭其他成员也很亲近。

当然，并不是说她与别人没有任何矛盾，而是在发生矛盾时能积极主动地、有效地去解决矛盾，重新让别人理解自己，建立良好的关系。

人际关系中，有正面积极的关系，也有负面消极的关系，而人际关系的协调与否，对人的心理健康有很大的影响。

3.正确地认识自我

也就是说要知道自己的优点和缺点，对优点能积极地去发扬，对不足能自觉地去完善；不因为有优点而骄傲自大，也不因为有不足而自卑；为弥补自己的不足而努力不懈，为自己取得的成功而愉快乐观。

能够充分了解自己，对自己的能力做出恰如其分的判断。

4.热爱学习、生活和工作

心理健康的人在任何时候都热爱生活，感到生活非常有意思；爱学习，把学习当作生活中必不可少的一部分；爱工作，按时上下班，富有创造性地去工作，努力完成工作任务，把工作看作是一种乐事。

5. 生活目标切合实际

能够为自己制定符合实际情况的生活目标，如果生活目标定得太高，必然会产生挫折感，不利于身心健康。

6. 与外界环境保持接触

人的需要是多层的，保持与外界的接触，一方面可以丰富精神生活，另一方面可以及时调整自己的行为，以便更好地适应环境。

7. 保持完美个性

女人个性中的能力、兴趣、性格与气质等各种心理特征必须完整、和谐，能力方能得到最大的施展。

8. 具有一定的学习能力

现代社会知识更新很快，为了适应社会的需要，就必须不断学习新的知识，使生活和工作都能得心应手，少走弯路，以取得更多的成功。

9. 行动自觉果断

心理健康的人做事都有明确的目的性，果断地做出决定，并且始终如一地贯彻自己的决定，从不轻易地改变。

10. 有限度地发挥自己的才能与兴趣爱好

人的才能和兴趣爱好应该充分发挥出来，但才能与兴趣爱好的发挥要有一定的限度，不能妨碍他人利益，不能损害团体利益，否则，会引起人际纠纷，徒增烦恼，无益于身心健康。

那么，在充满竞争的现代社会里，如何才能扬长避短，保持心理健康呢？

第一，应该对竞争有一个正确的认识。有竞争，就会有成功和失败。但关键是正确对待失败，要有不甘落后的进取精神。

第二，对自己要有一个客观的恰如其分的评估，努力缩小"理想我"和"现实我"的差距。

知人虽难，知己更难。自我认识的肤浅，是心理异常形成的主要原因之一。

有些女性对环境过分依赖，对自己的能力没有做出正确判断，经过竞争中的多次失败，由此认为："你行，我不行。"于是束缚自我、贬抑自我，结果焦虑剧增，以致最后毁了自己。

还有些女性能够对自己的动机、目的有明确的了解，对自己的能力有适当的估价，从不随意说"我不行"，也不无根据地说"不在话下"。她们对自己充满自信，对他人也深怀尊重，她们认为在认识自己的前提下，是没有什么不可战胜的，最后她们取得了成功。

接受现实的自我，选择适当的目标，寻求良好的方法，不随意退却，不做自不量力之事，才可创造理想的自我，避免心理冲突和情绪焦虑，使人心安理得，获得心理健康。

第三，面对现实，适应环境。

能否面对现实是心理正常与否的一个客观标准。心理健康的职业女性总是能与现实保持良好的接触。她们能发挥自己最大的能力去改造环境，以求外界现实符合自己的主观愿望；在力不能及的情况下，她们又能另择目标或重选方法以适应现实环境。

在现实生活中，职业女性应有"走自己的路，让别人去说吧"的精神，若总是人云亦云、随波逐流，便会失去自主性，焦虑也就由此产生。所以无论做人还是做事都必须有自己的原则。

另一方面，职业女性也应该注重朋友的忠告。自以为是、我行我素，只会落得形影相吊、无人理睬的境地。如果一个人的想法、言谈、举止、嗜好、服饰等，总是与别人差别太大，或与现实格格不入，又如何能获得心理健康呢？

第四，结交知己，与人为善。

乐于与人交往，和他人建立良好的关系，是职业女性心理健康的必备条件。拥有良好的人际关系，不仅可以得到帮助和获得信息，还可使自己的苦、乐和能力得到宣泄、分享和体现，从而促使自己不断进步，保持心理平衡、健康。

第五，努力工作，学会放松。

工作的最大意义不限于由此获得物质生活的报酬，而是它能表现出个人的价值，获得心理上的满足，能使人在团体中表现自己，提高个人的社会地位。

但另一方面，生活节奏加快、工作忙碌而机械，不少职业女性情绪长期紧张而又不善于放松调整，也成了心理异常的一个原因。合理地安排休闲放松的时间，经常改换方式，郊游、聚会、参观展览等，也可参加一些社会性的活动，使节假日更为丰富多彩，真正成为恢复体力、调整脑力、增长知识，获得健康的时机。

化解压力的妙法

现代女性面临的生活和工作上的压力越来越大，有的已严重影响到女性的身心健康，如何化解这些压力，就变得至关重要了。以下的一些方法，提供女性朋友们参考。

1．运用语言和想象放松

通过想象，训练思维活跃起来，在短时间内放松、休息，恢复精力，让自己得到精神小憩，你会觉得安详、宁静与平和。

2．分解法

把生活中的压力一一罗列出来，你一旦写出来以后，就会发现，只要你"各个击破"，这些所谓的压力，便可以逐渐化解。

3．想哭就哭

哭能缓解压力。心理学家曾给一些成年人测验血压，然后按正常血压和高血压编成两组，分别询问他们是否哭泣过，结果87%血压正常的人都说他们偶尔有过哭泣，而那些高血压患者却大多数回答说从不流泪。由此看来，让情感抒发出来要比深深埋在心里有益得多。

4．遨游书海

在书的海洋里遨游时，一切忧愁悲伤便会抛诸脑后，烟消云散。读书可以使一个人在潜移默化中逐渐变得心胸开阔、气量豁达、不惧压力。

5．拥抱大树

在澳大利亚的一些公园里，每天早晨都会看到不少人拥抱大树。这是他们用来减轻心理压力的一种方法。据当地人说：拥抱大树可以释放体内的快乐激素，令人精神爽朗。而与之对立的肾上腺素，即压抑激素就会消失。

6．运动消气

现在出现了一种新兴的行业：运动消气中心。在这个中心里面有专业的教练指导，教人们如何大喊大叫，扭毛巾，打枕头，捶沙发等等，让人们尽量发泄内心的烦恼、愤怒。在这些运动中心，上下左右全都铺满了海绵，任人随意发泄。

7. 看恐怖片

有专家称，人们感到工作有压力，是源于他们对工作的责任感。此时他们需要的是鼓励，是打起精神。所以与其通过放松技巧来克服压力，倒不如激励自己去面对充满压力的情况，例如去看一场恐怖电影，正所谓"以毒攻毒"。

8. 嗅嗅香油

在欧洲和日本，风行一种芳香疗法。特别是一些女性，都为这些由芳草或其他植物提炼出的香油所醉倒。原来香油能通过嗅觉神经，刺激或平伏人类大脑边缘系统的神经细胞，对舒缓神经紧张和心理压力很有效果。

9. 多吃顺气食物

(1) 萝卜：长于顺气健胃，对气郁上火生痰者有清热消痰的作用。青萝卜疗法最佳，红皮白心者次之。最好生吃，但有胃病的女性可将其做成萝卜汤喝。

(2) 啤酒：有人生气后爱喝酒，这更易引起疾病，因饮酒气，还能助热，容易引起血压骤升、出血。啤酒则不但无此副作用，还能顺气开胃，消除恼怒情绪。但绝不可过量。

(3) 玫瑰花：沏茶时放几瓣玫瑰花可顺气，没有喝茶习惯的女性可以单独泡玫瑰花喝。

(4) 藕：藕能通气，还能健脾和胃，养心安神。以水煮服或稀饭煮藕疗效最好。

(5) 茴香：子和叶都有顺气作用。用叶做菜馅或炒菜可顺气、健胃、止痛，对生气造成的胸腹胀满疼痛效果最好。

(6) 山楂：可顺气止痛、化食消积，适于由气导致的心动过速、心律不齐等。

另外，如糙米、蔬菜、牛奶、瘦肉等含维生素 B_1 的食物和洋葱、大蒜、海鲜等含硒较多的食物，每天补充一片维生素 C 等，都对减压有一定的帮助。

10. 穿上称心的旧衣服

穿上一条平时心爱的旧裤子，再套一件宽松衫，你的心理压力不知不觉就会减轻。因为穿了很久的衣服会使人回忆起某一特定时刻的感受，并深深地沉浸在缅怀过去的生活眷恋中，人的情绪也为之高涨起来。与此同时，当人们穿上自己认为非常"顺眼"的衣服，自我感觉良好时，就会重新鼓起面对现实的信心和勇气。

教大家一种"解脱精神压力五节操"：

第一节 站立呼吸

身体直立，双腿并拢，头微抬，闭目宁神。右臂屈肘，五指自然伸开，轻微抚胸。左臂屈肘，五指自然伸开，轻微按腹，进行深呼吸 10 ～ 20 次，双手掌手随之起伏。然后，双手交换位置，左手抚胸，右手按腹，再进行深呼吸 10 ～ 20 次。反复做 2 ～ 4 遍。整个过程中呼吸要均匀有节奏。

第二节 倾身呼吸

身体直立，双腿并拢，距墙半步。双臂屈肘，五指自然伸开，双手稍向上扶墙，肩臂展平，身体向前倾，闭目宁神，进行深呼吸 10 ～ 20 次。然后还原，反复做 2 ～ 4 遍。整个过程中身体要倾斜挺直，挺胸收腹，呼吸均匀有节奏。

第三节 俯身按腰

身体直立，双腿并拢，双眼睁开，面带微笑。向前弯腰俯身，目视下方，双腿和后背保持挺直。双臂屈肘向后，双手按腰向下至臀，配合呼吸，保持均匀，由腰至臀。往复上下按压 10 ～ 20 次，也可以适当拍打，还可以轻捶。反复做 2 ～ 4 遍。每遍间隔 2 分钟，身体直立，稍加放松，背腿挺直，按拍动作要轻柔。

第四节 转身展臂

端坐椅上，右腿叠压在左腿上，上身向右转，目视身后。右臂屈肘，手扶椅背上，左臂稍屈肘，五指并拢伸直。这时，左臂向左伸展，尽量伸至身后，上身保持不动，配合呼吸，保持均匀，左手臂伸展 10 ～ 20 次后，双腿及双手臂交换位置，上身向左转，目视身后，同样动作，右手臂伸展 10 ～ 20 次。反复做 2 ～ 4 遍。上身要保持平直不动，双腿叠压坐稳，不要落下，展臂力求有力。

第五节 弯腰扶地

端坐椅上，睁开双眼，面带微笑。向前弯腰，双腿屈膝平直，双手臂在双腿外侧，向下直伸，五指自然伸开，手指扶地。然后，身体坐正。抬起时吸气，弯腰时呼气，扶地时稍停 5 秒钟，抬起时停 3 秒钟。进行 5 ～ 10 次。反复做 2 ～ 4 遍。整个过程中呼吸与动作要协调一致，弯腰时尽量使胸腹贴紧大腿，弯腿屈膝成直角，双臂伸直，手指一定要扶地。

办公室女性减压妙招：

1. 去卫生间用凉水洗额头

洗完后头脑会清醒一些。

午饭之后，对镜补妆，你会感觉自己既漂亮又有活力。

2. 闭目养神

中午休息时，闭目养神时想象自己在看大海。一排一排的海浪打过来，远处海鸥鸣叫着，白帆点点，海天交界处一片茫茫。

当你在疲惫至极的时候能够产生这样的想象，所有的压力在瞬间就会消失殆尽。当然也可以在座位旁贴一两张漂亮的图画，或是能引起愉快思绪的照片。

3. 做深呼吸

把精神集中在你的胸腹部，慢慢地吸气、呼气，好像锻炼你的肺活量一样。

4. 爬楼梯

在疲劳紧张时，出去爬几趟楼梯，不但可以减压，还能锻炼好身材，可谓一举两得。

5. 音乐治疗

音乐具有安定情绪和抚慰的功效，想尽情发泄就听一听摇滚乐；想理清一下情绪，古典音乐是最好的选择。在音乐中闭目养神，能够使人修炼到人和音乐合一的最高境界，从而达到减压的目的。

最后，建议职场中的女性要多运动，保持心情开朗，还要记住一条真理：不可"年轻时用命挣钱，年老时用钱买命"。

女性心理自测：你该选择何种职业？

从心理学讲，选择一个适合自己的职业，要涉及性格、气质、兴趣、能力、教育状况等许多方面。那么，以下两组20个题，只要在题后回答"是"或"否"，就可以帮你出个好主意。

第一组：

1. 就我的性格来说，我喜欢同年轻人而不是同年龄大的人在一起。

2. 我心目中的丈夫或妻子应具有与众不同的见解和活跃的思想。

3. 对于别人求助我的事情，总乐意帮助解决。

4. 我做事情考虑较多的是速度和数量而不在精雕细琢上下功夫。

5. 我喜欢新鲜这个概念，例如新环境、新旅游点、新朋友等。

6. 我讨厌寂寞，希望与大家在一起。

7. 我读书的时候就喜欢语文课。

8. 我喜欢改变某些生活惯例，以使自己有一些充裕的时间。

9. 我不喜欢那些零散、琐碎的事情。

10. 我进入招聘职员经理室，经理抬头瞅了我一眼，说声"请坐"，然后就埋头阅读他的文件不再理我，可我一看旁边并没有座位，这时我没站在那里等，而是悄悄搬来个椅子坐下等经理说话。

第二组：

11. 我读书的时候很喜欢数学课。

12. 我看了一场电影、戏剧后，喜欢独自思考其内容，而不喜欢与人一起谈论。

13. 我书写整齐清楚，很少写错别字。

14. 不喜欢读长篇小说，喜欢读议论文、小品文或散文。

15. 业余时间我爱做智力测验、智力游戏一类题目。

16. 墙上的画挂歪了，我看着不舒服，总要想法将它扶正。

17. 收录机、电视机出了故障，我喜爱自己动手摆弄、修理。

18. 做事情愿做得精益求精。

19. 我对一般服装的评价是看它的设计而不大关心是否流行。

20. 我对经济开支能控制，很少有"月初松、月底空"的现象。

评分方法：

从第1题起依次答题。然后算出两组各有几个"是"。比较两组答案：第一组中答"是"比第二组多为A；第二组中答"是"比第一组多为B；如果两组回答"是"相等为C。

评析与赠言：

A. 你最大的长处是思想活跃，善与人交往。你喜欢把自己的想法让别人去实现，或者与大家共同去实现，适合你的职业是记者、演员、导游、推销员、采购员、服务员、节目主持人、人事干部、广告宣传人员等。

B. 你具有耐心、谨慎、刻苦钻研的品质，是个稳重的人。适宜于选择编辑、律师、医生、技术人员、工程师、会计师、科学工作等职业。

C. 你具备AB两类型人的长处，不仅能独立思考，也能维持和处理良好的人际关系。供你选择的职业包括教师、教练、护士、秘书、美容师、理发师、公务员、心理咨询员、各类管理人员等。

第八章
女人的才智资本
——掌握你的命运

智慧是一件穿不破的衣裳

女人可以不美丽，但不能不智慧，智慧能重塑美丽，唯有智慧能使美丽长驻，能使美丽有质的内涵。人的追求不完全来自外貌，它主要来自人的内在力量。漂亮自然值得庆幸，但并不代表有魅力、有气质。外貌漂亮的确是一种优势，但这个世界上那种天生尤物毕竟为数不多，大多数的芸芸众生都是相貌平平，这些相貌平平甚至有些丑陋的女人所表现的美，就是其内在的品德修养所散发的气质与智慧。

英国作家毛姆曾经说过："世界上没有丑女人，只有一些不懂得如何使自己看起来美丽的女人。"现代女性早已经学会在繁忙和悠闲中积极地生活，懂得如何读书学习，也懂得开发自身的潜能，从而使自己的女性魅力光芒四射。

女性的智慧之美甚过容颜，因为心智不衰，所以超越青春，智慧永驻。"石韫玉而山晖，水怀珠而川媚。"西晋人陆机这样评说智慧之美。

谚语云："智慧是穿不破的衣裳。"衣裳，自然是与风度美息息相关的。

所以，现代女性中注重培养自身风度之美者，在不断改善自身的意识结构和情感结构的同时，无不特别注重改善自身的智力结构；积极接受艺术熏陶，使自己的风度攫获浓重的智慧之光。

"智慧之美"的魅力，是拥有独立自主的意识状态和自尊自重的情感状态。智慧女性勇于接受来自各方面的挑战，善于从大自然与人类社会这两部书中采撷智慧，从而不再留有"男性附庸"的余味。

富于智慧的魅力，善于对日常应用的思维方式和行为方式进行艺术的提炼。例如，遇人遇事如何以有效的思维方式，迅速采用最恰当的接待方式，以便使行为方式表现出稳重有序、落落大方的风度。

所以，这样的女人最具魅力：她们聪明慧黠、人情练达，超越了女孩子的天真稚嫩，也不同于女强人的咄咄逼人。她们在不经意间流露着柔美和知性魅力的同时，也对人群保持着一份若即若离的距离和冷漠。

很多男人在言语行文中流露出一种对知性女人的赞美，在他们眼中，这种女人人间难求，绝对不是俗物。事实上，"知性女人"同样是食人间烟火的俗人，她们同样离不了油盐酱醋茶，同样要相夫教子。因为只有大俗方能大雅，只有这样才是完美女人。

知性女人的优雅举止令人赏心悦目，他们待人接物落落大方；她们时尚、得体、懂得尊重别人，同时也爱惜自己。知性女人的女性魅力和她的处事能力一样令人刮目相看。

灵性是女性的智慧，是包含着理性的感性。它是和身体相融合的精神，是荡漾在意识与无意识间的直觉。灵性的女人有那种单纯的深刻，令人感受到无穷无尽的韵味与极致魅力。

弹性是性格的张力，有弹性的女人收放自如、性格柔韧。她非常聪明，既善解人意又善于妥协，同时善于在妥协中巧妙地坚持到底。她不固执己见，但自有一种非同一般的主见。

男性的特点在于力，女性的特点在于收放自如的美。其实，力也是知性女人的特点。唯一的区别就是，男性的力往往表现为刚强，女性的力往往表现为柔韧。弹性就是女性的力，是化作温柔的力量。有弹性的女人使人感到轻松和愉悦，既温柔又洒脱。

真正的智慧女性具有一种大气而非平庸的小聪明，是灵性与弹性的结合。一个纯粹意义上的"知性"女人，既有人格的魅力，又有女性的吸引力，更有感知的影响力。她不仅能征服男人，也能征服女人。

智慧女性不必有闭月羞花、沉鱼落雁的容貌，但她必须有优雅的举止和精致的生活。

智慧女性不必有魔鬼身材、轻盈体态，但她一定要重视健康、珍爱生活。

智慧女性在瞬息万变的现代社会中，总是处于时尚的前沿，兴趣广泛、精力充沛，保留着好奇纯真的童心。智慧女性不乏理性，也有更多的浪漫气质，春天里的一缕清风，书本上的精词妙句，都会给她带来满怀的温柔、无限的生命体悟。

智慧女性因为经历过人生的风风雨雨，因而更加懂得包容与期待。

智慧女性内在的气质是灵性与弹性的完美统一。

具体来说，女人智慧美的魅力主要体现在以下几个方面：

1．突出的个性

女性的美貌往往具有最直接的吸引力，而后，随着交往的加深、广泛的了解，真正能长久地吸引人的却是她的个性。因为这里面蕴含了她自己的特色，是在别人身上找不出来的。正如索菲娅·罗兰所说："应该珍爱自己形体的缺陷，与其消除它们，不如改造它们，让它们成为惹人怜爱的个性特征。"刚柔相济是中国传统美学的一条原则，温柔并非沉默，更不是毫无主见。相反，开朗的性格往往透露出女性的天真烂漫气息，更易表现人的内心世界。

2．丰富的内心

有理想、有知识是内心丰富的两个重要方面，这是现代女性所必不可少的。知识将使女性魅力大放光彩。除此以外，还需要宽广的胸怀。法国作家雨果说过："比大海宽阔的是天空，比天空宽阔的是人的胸怀。"然而，多数女人还做不到这一点，尚需完善。

3．高雅的志趣

高雅的志趣会使女性锦上添花，从而使爱情和婚后生活充满迷人的色彩。

每个女性的气质不尽相同。女性的气质跟女性的人品、性情、学识、智力、身世经历和思想情操是分不开的。要想有优雅的气质和风度，就必须有良好的教育和修养。

4．优雅的言谈

言为心声，言谈是窥测人们内心世界的主要渠道之一。在言谈中，对长者尊敬，对同辈谦和，对幼者爱护，这是一个知性女人应有的美德。

读书的女人永远美丽

有人说："书，是女人最好的饰品。"因此，无论有多少个理由，作为一个现代女性，一个期待精彩人生的女性，书是一定要看的，而且是看得越多越好。因为书会使你从骨子里提升品位，教你如何做一个知识女人。

■ 红颜易逝，智慧长存

美貌是会随岁月的流逝而消逝的，而智慧则是永存的。聪明机智的头脑和学而不倦的热情，才是真正的无价之宝。

女人的美有两种最基本的划分：一种是外在的形貌美，一种是内在的心灵美。

外在美的女人是自身美的凝聚和显现，它既能给自身以极大的心理满足和心理享受，又能给他人以视觉上的美感，使人赏心悦目。追求外在的形貌美，是女人的本能天性，不应加以禁锢和压抑，而应该从美学上加以积极引导。

内在的心灵美可以给人留下难以磨灭的印象，能引起人内心深处的激动，打下深刻的烙印。内在美操纵、驾驭着外在美，是女人美丽的源泉。正因为有了内在美的存在，女人才能真正成为完美的女人，才能让人产生由衷的美感。所以说，内在美比外在美更具有无可比拟的深度与广度。

林清玄在《生命的化妆》一书中说：女人化妆有三层，其中第二层的化妆是改变本质，让一个女人改变生活方式、睡眠充足、注意运动和营养，多读书、多欣赏艺术作品、多思考，可以让女人对生活保持乐观的心态。因为独特的气质与修养才是女人永远美丽的根本所在。

"寂寞精灵"张爱玲尽管貌不惊人，但她那弥漫着旧上海阴郁风情的文章以及她本人非同寻常的爱情故事，使当代人对她的回忆像一坛搁了多年的老酒，越品越香醇。李碧华曾评价她说："文坛寂寞的恐怖，只出一位这样的女子。"

而现在，由于媒体和广告铺天盖地的宣传，很多年轻的女孩子远离了书房，且过分注重外表的修饰和打扮，浮躁肤浅的心态扭曲了她们对美的诠释。即便是一夜成名，也会像昙花一现，留给人们的只是一个模糊的影子，用不了多久就彻底消逝在别人的回忆里。

因此，注重内在知识的丰富、智慧的修养对现代女性来说是至关重要的。30岁前的相貌是天生的，30岁后的相貌是后天培养的。你所经历的一切，将毫无保留地写在脸上，每天智慧一点点，你为自己做的便是不断地滋润。红颜易逝，但智慧可以永存。

■ 读书的女人永远美丽

不用教，女人天生懂得爱美，热衷打扮，尤其在现在，铺天盖地的女人用品，各种各样的美容整形手术，令女人可以从头到脚对自己逐一武装。

其实女人不知道，有一秘方可使女人获得永远的美丽，这味药不是水剂不是糖丸，而是我们随处可见的书籍。

没错，书籍是人类的精神财富，书籍更是女人的最佳美容品。读书带给女人思考；读书带给女人智慧；读书会使女人空荡荡的漂亮大眼睛里变得层次丰富、色彩缤纷；读书教会女人在笑的时候笑，在忧伤的时候忧伤；读书还使女人明白自身的价值、家庭的含义，明白女人真正的美丽在哪里。

"读史使人明智，读诗使人灵秀，数学使人周密，自然哲学使人精邃，伦理学使人庄重，逻辑修辞学使人善辩。"培根在《随笔录·论读书》中写出了读书的益处。晚清民初著名学者王国维曾借用三句宋词概括了治学的三种境界：第一境界，"昨夜西风凋碧树，独上高楼，望尽天涯路"；第二境界，"衣带渐宽终不悔，为伊消得人憔悴"；第三境界，"众里寻他千百度，蓦然回首，那人却在灯火阑珊处"。由此可见，读书学习只有甘于寂寞，不怕孤独，日积月累，持之以恒，才能到达"灯火阑珊"的境界。

喜欢读书的女人内心是一幅内涵丰富的画，文字可以书写性情、陶冶情操。喜欢读书的女人常常是有修养、有素质的女人。一个女人最吸引人的地方就在于她丰富的内心世界，从而表露出来的优雅气质。"书中自有黄金屋，书中自有颜如玉。"岁月的流逝可以带走姣好的容颜，却无法带走女人越来越美丽和优雅的心灵。书籍，是女人永不过时的生命保鲜剂。

世界有十分美丽，但如果没有女人，将失掉七分色彩；女人有十分美丽，但如果远离书籍，将失掉七分内蕴。读书的女人是美丽的，"腹有诗书气自华"。

书一本一本被女人读下肚的时候，书中的内容便化成了营养从身体里面滋润着女人，由此女人的面貌开始焕发出迷人的光彩，那光彩优雅而绝不显山露水，那光彩经得起时间的冲刷，经得起岁月的腐蚀，更加经得起人们一次次地细读。正因为如此，你将不再畏惧年龄，不会因为几丝小小的皱纹而苦恼。因为，你已经拥有了一颗属于自己的智慧心灵，有自己丰富的情感体验，你生活中的点点滴滴，将会书香四溢。

在社会生活中，女性的生存空间比男性的狭小，所以女性更需要博览群书，以放眼世界。而且在广泛阅读的同时，还要善于思考，不盲从，也不偏执，这样才能培养一颗丰富和广博的心灵。

另外，读书时不要把范围局限在某一类。男人能看的书，女人都应该看。文学、军事、政治、传记、历史，等等。

因为，书是改变一个人最有效的力量之一。书是带着人类从蛮荒到启蒙的捷径。书还是女人修炼魅力之路上最值得信赖的伙伴。

做一个爱读书的女人吧，读书的女人才能永远美丽。

■ 智慧女人的必读书

智慧的女人爱书，爱书的女人更智慧。

一本好书往往能够给予一个人最初的人生启蒙甚至终生的影响，尤其是那些经典名著，比如《简·爱》、《围城》、《飘》、《红楼梦》，对女性的影响都比较大。

1.《简·爱》

这是一部以爱情为主题的小说，女主人公简·爱是一个生活在社会底层，受尽磨难却不甘忍受社会压迫、勇于追求个人幸福的女性。她那倔强的性格和勇于追求平等幸福的精神很值得现代女性学习。

简·爱认为爱情应该建立在精神平等的基础上，而不应取决于社会地位、财富和外貌，只有男女双方彼此真正相爱，才能得到真正的幸福，她的爱情观体现了她的倔强性格。在追求个人幸福时，她表现出一往无前的勇气。她并没有因为自己卑贱的家庭教师身份而放弃对幸福的追求。

简·爱以对爱情执着追求的精神为现代女性树立了良好的榜样。有人说，爱人者是强者。为了追求自己的幸福，现代女性应好好阅读《简·爱》这部世界名著，做一个爱情的强者。

2.《围城》

《围城》这部书的精彩之处便是描绘了中国男人的劣根性，帮女性打破这男性世界中种种不切实际的幻想。而集劣根性之大成者，首推男主人公方鸿渐。

方鸿渐本性善良，可他最大的缺点就是优柔寡断、毫无原则。时至今日，男人优柔寡断、毫无原则仍是其致命伤。所以女读者一定要留心观察自己的男友是否是"张鸿渐"或"李鸿渐"，若不是，那当然是件好事，若是，感情深的就要慢慢地帮他改，并且要有长期抗战的准备；感情浅的则甩他没商量。

其他诸如赵辛楣、李梅亭、高校长之流，生活中也不是没有，对这类男人最好明哲保身。倒是几个女孩子很有特点：苏文纨虽不可爱，但用现代人的眼光看，她却是个女强人；唐晓芙虽可爱，但遗憾的是她看不上方鸿渐这种男人；孙柔嘉没有可爱之处，心机深沉，对男人多个心眼儿并没什么错，君不知，如今色狼成群。

3.《飘》

《飘》的女主人公也是一位坚强、具有执着精神的女性，所以这部名著也是女性应该读的，在这部书里，作者玛格丽特·米切尔会教你如何做一个成功的女人。这里没有中美差异，郝思嘉能够做到的，你也能够做到。坚强、独立、积极，是现代女性的必备素质。即使你没有郝思嘉那般美丽动人，也千万不要自卑，你也有追求美好的权利，同样可以使自己变得风情万种。像郝思嘉不能真正拥有白瑞德那样，如果你不能得到自己深爱的男人，不要紧，你还可以爱自己。

现代女性要学习的是郝思嘉那种坚强风范，永不放弃，敢于直面现实，与残酷的现实抗争。从某种意义上说，这个世界是由男人控制的，而女性要想在这个世界中做个坚强、成功的女人就更应该好好读一读《飘》。

4.《红楼梦》

一个女人如果没读过《红楼梦》的话，简直不可思议。理由很简单，只有看过《红楼梦》，才会明白原来女人是如此哀婉动人，如此仪态万千，如此楚楚可怜，如此冰雪聪明……作者曹雪芹会告诉你什么样的女人才是真正的女人。

豪迈如史湘云，也有醉卧芍药裀的娇憨；聪慧如薛宝钗，也有花间扑蝶的雅气；也唯有幽怨如林黛玉，才有掩埋落花的闲情。《红楼梦》让读者真正看到女人的精彩，领略什么是水做的女人的深刻含义。即使势利狠毒如王熙凤，她的善于交际、果断坚决、处变不惊还是值得今天的女性学习的。

必须提醒大家的是：千万别做尤二姐，被男人金屋藏娇是很难有好结局的；也别模仿林黛玉的尖酸刻薄，尤其在你一无才情、二无美貌的情况下；千万别学贾惜春，懦弱无力，一走了之，要做个有胆识的女人；更不要学尤三姐，为柳湘莲、为所谓名节便抹了脖子，这个世界上好男人多的是，丢了爱情，天也塌不下来，也许一个更出众的男人正在不远处等着你呢。

一个有品位、有格调的女人除了要读这四部名著以外，还必须阅读一些对现代人影响深刻的特殊书籍。

例如，村上春树的《挪威的森林》、《海边的卡夫卡》和渡边淳一的《失乐园》。

但是，畅销书应该尽量少读，不过像《格调》这样的书却应该拿来翻翻。如果你还能跟别人讨论一下它的书名是怎么由英文的 Class 译成中文的"格调"的，那就更了不起了。

这里还罗列出八本格调女人必读的书籍，在你有时间时拿来读读，会对你有很大帮助的。

(1)《第二性——女人》（西蒙·波娃）——有史以来讨论女人的最健全、最理智、最充满智慧的书。

(2)《情人》(玛格丽特·杜拉斯)、《世界上最疼我的那个人去了》(张洁)——这两本书将向你展现出女人爱做梦的本性，以至于达到不顾一切地疯狂地步。

(3)《流动的圣诞节》（海明威）——通过此书，你就会知道为什么小资女人们大多都向往巴黎的生活。

(4)《史努比黄金五十年》（舒尔茨）——这本书会向你传授现代女性对残酷的成人世界表示抗拒和不适的最好方式。

(5)《喜宝》（亦舒）——这本书将让你知道，再美丽、聪明、练达的女子也逃不过命运的潮起潮落，每个人都要好好把握现在。

(6)《亚洲妇女美容指南》（靳羽西）——这本书会让你知道哪些妆容和礼

仪永不会过时，体会不管时尚再怎么变，也逃不出"女人味"的手掌心。

(7) 菜谱系列——掌握做菜的本领，不光能让自己活得更滋润，还能向男人展示出你温柔、有品位的另一面。

现代知识女性的 4 大误区

身处职场的现代女性，凭借在校学习的专业知识，以及工作后的不断"充电"，拥有了多个领域的知识和经验，对她们的职场竞争确实起到了很大作用，以至于很多知识女性认为：只要有足够丰富的知识，就可以在职场游刃有余，取得事业的成功，也由此导致了女性在生活中以及职场竞争中的认识误区，需要现代知识女性加以注意：

1. 过于重视学历

不少知识女性由于本身的学历比较高，很容易对比自己学历低的男性产生一种居高临下的态度。不仅在择偶时要求对方的学历比自己高，甚至交友的时候都会不自觉地选择那些学历和自己相同或者比自己高的人。

实际上，学历只是一种专业需求，而专业也不过是一种职业选择而已，与一个人的性格、品德乃至成就都没有必要的联系。过于注重学历而不知道修养的重要性，实际上是一种故步自封的态度。这样不但缩小了自己的交友圈子，而且还给自己设置了一个障碍。同时在人际交往中，这种态度还会让你被别人孤立起来。

2. 忽略美貌的价值

知识女性往往认为：女人活在世上只靠相貌是不行的，那些以相貌论成败的观点都是不公正的偏见。女人要想在社会和家庭，尤其在男人心目中立足，立得牢靠和长久，首先要考虑的是自身的人格、文化、学识、才华和个性修养，其次才能轮到相貌。只有这样，才是女人处世的立身之本。

不可否认，这样的观点是正确的，但是，女人若有了一张讨人喜欢的脸蛋和令人羡慕的身材，那就拥有了更多成功的本钱。而且对于年轻的知识女性来说，只要稍微注意打扮，就可以更加容光焕发、光彩照人。所以，现代知识女性虽然本身有相当的才华，但也不可忽视美貌的价值。

3. 重能力不重关系

现代社会是一个充满关系的社会，很多时候，关系的重要性不亚于能力。高学历的女人因为自身的能力比较出众，自然会重视能力这种个人实力，而对那些关系网络密集，能力巨大的人看不顺眼。在生活中，这种关系尤其不能等闲视之。

4. 重事业不重家庭

生活要幸福美满，固然需要事业的支持，没有事业就没有家庭，但是为了事业而忽略家庭的事例屡见不鲜。尤其是一些"精品"女人，因为自身是单位、公司的重量级人物，责任重大，往往会在事业中消耗过多时间和精力，这就成了家庭幸福的潜在威胁。

所以，知识女性要学会在事业与家庭之间选好支点，让两者兼顾与平衡，才能获得真正的幸福。

职场丽人晋升智慧法

女性进入职场后，很快就会发现，女性在职场里晋升是如此艰难。在小公司还好些，但一旦进入一些中型企业或者大型企业，工作一段时间后，原来渴望晋升的念头，像被迎头泼了一盆冷水，那些公司里的前辈们，正努力排好队，等着晋升。也就是说，如果你自己也加入到他们排队的行列中去，那样即使你排个十年八载，也不一定有晋升的指望。

那么，职场中的女性要怎样做才能迅速得到晋升的机会呢？

第一，要具备升职的能力。

如果你想升迁的话，现有的能力永远是不够的，假设你是一个普通职员，想升迁到主管位置上，那么，你现在的专业技能显然不够用，你需要具备相应的管理能力，以便管理下属；还需要熟悉相关部门的知识，以便跟他们合作，等等。如果这些能力还不具备，就应该尽快学习，"等爬上去再学习"

的想法是不现实的，哪个上司愿意将某个职位交给一个暂时还不胜任的人呢？除非那些任人唯亲的人才会如此。

能力是一把梯子，决定你能爬多高。当然，能力并不是个简单的观念，主要有以下 4 个部分组成：

（1）知识：具备相关的、已经组织好的信息，而且能够运用自如。

（2）技巧：能将困难或复杂的技术简单化。

（3）信念：对自己完美的表现有信心。

（4）态度：表现出高水准的积极情绪倾向和意愿。

但是，并非所有的能力都有助于你事业的发展，也没有一种能力可以适用于各种职业。所以，寻求新的发展，就意味着所获取的新能力要服从事业发展的需要。

第二，要掌握职场晋升之道。

1. 找准职场晋升点

在职场竞争中，女性很容易迷失自己，当她们发现晋升之路越来越渺茫时，往往就对自己失去了信心。但是，女性要在职场晋升，首先就要对自己自信。当然，职场里，获得领导的赏识和信任是件不容易的事情。但是，不管你的经验如何，都不需要感觉沮丧，只要你下决心认真地做好工作，任何事情还是有转机的。

从某种程度上来说，年轻人的晋升是依靠公司前辈的让步和信任所获得的，而不是年轻人努力的结果。这就是为什么很多人很努力，却始终没有晋升机会的原因，为何会出现这种情况，简单点说，就是努力方向出了错。

职业女性如果能获得公司前辈的让步和信任，她的努力就会有结果，不管是素养、能力，还是升职、加薪等，都会得到快速地成长，到那时就能真正要风得风，要雨得雨，跟现在的你完全是天壤之别。

2. 学会和上司唱双簧

当你找到一份工作，自然就会有一个直接上司，这个直接上司，在很大程度上，决定着你在公司里的职业发展。所以，不管在什么时候，都要对你的直接上司负责。

（1）对上司让步。有求于人先予人。每个人都有自身的弱点，不管上司多么优秀，还是知识渊博，也会或多或少地存在一些缺陷。当上司在做自己的工作时，这些缺陷还能够因为刻意遮盖而隐藏掉，但当上司实行管理时，缺点往往就会暴露出来，在这样的情况下，当部分员工对上司出现疑惑情绪时，你应该坚决站在上司这一方。但并不需要特意表现出来，你只要设法在工作中，努力把上司的管理漏洞弥补掉，那么你就做到位了，或者说，你明里暗里在跟上司唱双簧，时间长了，上司自然会明白。

(2) 对上司信任。获得上司信任的人才有机会得到重用。一个连对上司都不信任的人，是不太可能获得提拔和培养的。

尽管有时候，你认为你的上司不值得信任，但公司高层不可能不知道，唯一的原因就是，你没有找到上司的优点。

人无完人，只有对上司表现出足够的信任，你才能够宽容地对待上司表现出来的缺点，并在工作中努力修正，以实现或达到部门的绩效，简单点就是，你还是应该跟你的上司"唱双簧"。

若你能够充分把自己的优点与上司的优点很好地结合起来，那么公司的初衷就能够实现，只有在公司发展的情况下，你的晋升空间才会加大。

(3) 向上司借力。你在跟上司唱双簧共同建设部门时，公司的高层是肯定知道的。从公司角度出发，一个知道团队配合、宽容和信任的员工，才是公司的好员工，在你努力做这些事情的时候，公司方面也在关注你。

当公司出现职位缺失时，你会有更多的机会获得这样的岗位，而这个机会实际上就是来自于你上司的推荐。

不要认为你努力工作，就能得到晋升，这种想法是很不切实际的。不管你的工作有多努力，如果没有人向上面推荐，那么，你所有的努力只有你的上司和你自己明白而已，在其他部门出现职位空缺时，没有人会想到你。向上司借力，主要是希望获得上司的推荐，不管是部门内部还是部门外部，上司对你有最直接的发言权。从人的本性方面来说，谁都愿意把机会让给一些值得信赖的朋友，而不是一些能力高的员工。

渴望晋升，无可厚非，没有人不希望获得满意的职场生涯。获得公司前辈的让步和信任，学会跟上司唱双簧，以获得上司的支持与提名，是最快也最行之有效的职场晋升之道，如何去把握，那就是你自己的事情了。

第三，熟知影响职场晋升的 5 个认识误区。

1. 上司应该知道我想升迁

如果你想进步，上司的支持通常是必不可少的。花一些时间构思改进工作的计划，找机会跟上司会面，陈述你的目标。在得到上司的支持之前，不要结束会面。"您愿意帮助我吗？"这是在这种会面必须问及的关键性问题。

2. 如果与别的经理接触过密，你的上司将会感到威胁

如果你的上司没有干好工作，他（或她）是会感到有威胁。如果你很希望在某个部门工作，那么就尽全力在那个部门内建立关系。对于那个部门正在进行的工作要感兴趣，让人们知道你愿意学习更多的东西；在那个部门需要帮助时尽量帮忙——前提是不要干扰你自己的工作，否则你的上司感到的就不是威胁而是愤怒了。如果你坚持这样做，当那个部门有新职位时，人们自然就会想到你。

3. 同事是我最好的朋友，（他）她不会和我竞争新职位

同事之间很少存在真正的友谊，如果新职位的报酬比目前提高了10%～20%，人们通常就会去竞争它。记住，办公室可不是咖啡馆，公事总是排在友谊之前。尽管很喜欢同事，你也要专注于工作，不要因为无价值的闲聊而分散了精力，别人可能会在你漫不经心当中抓住机会。

4. 人们应当知道我是名勤奋工作的员工

做一名勤奋工作的员工，并不意味着你就一定可以获得应有的回报，你还得时不时为自己吹吹喇叭。

5. 获知新职位的唯一途径是看人事公告

通过办公室的小道消息，你能够知道几乎所有的事情。如果你不加留意，就有可能错过重要的信息。你可以借出入其他部门办公室的机会与人寒暄："嗨，周末郊游玩得怎么样？"用这样的问话开头，可以很容易地与别人沟通。但要记住：不要逗留过长的时间。那样别人会误解你不努力工作，是一个四处游荡的"包打听"。

职场中的行动底线是要做一个参与者而不是旁观者。为了你自己的职场前途，不要只是观望着别人进步，应当马上采取积极行动。

第四，了解外企女性快速晋升的6大要素。

1. 有中外教育背景

外企不断对中国本土人才委以重任，与他们对本土人才发展的肯定和认

同有关。据调查，外企的本土高层管理人才中，大部分有着高学历，有留学和出国培训经历的占了90%，美籍华人也有不少。

2. 有出色的特长

做外企员工，你要有价值，人力资源部门选择你，就是因为你有价值，有专长，他们会依你所长，把你安排在合适的职位，在这个职位上，你应该能完全胜任工作，如果连本职工作都胜任不了的人，那他肯定是没有什么前途的，等待他的只有被公司淘汰。

3. 有较强的应变能力

优秀的员工通常不满足于现有的成绩和现有的工作方式，而愿意尝试新的方法。未雨绸缪，化被动为主动，才有能力迎接新的挑战。外企是外国公司在中国的分支机构或办事机构，公司管理层的调整和变化、人事变动等都是正常的，是公司为了适应市场竞争的需要，这些变化或多或少会影响你的工作和你的位置，如何保持正常的心态迎接变化、适应变化，是想进外企工作的人要有的最起码的准备，随着你的工作责任增大，适应变化就变得更重要。

4. 有强烈的责任心

完成本职工作是员工的责任，当工作在8小时内未完成时，加班更是分内的事。你要热爱自己的工作、自己的职业，也只有这样，公司才会给予你相应的报答。在外企，主动要求给予提升是受鼓励的，因为外企认为，你要求担当一定职务，就意味着你愿意承担更大的责任，体现了你有信心和有向上追求的勇气。

5. 有学习能力

外企认为，一个优秀的员工会利用一切机会学习、吸收新的思想和方法，善于从错误中吸取教训、从错误中学习，不再犯相同的错误。一个不爱学习的人在当今社会是没有前途的，因为，大学所学的知识在工作中只能占20%，80%以上的知识需要在工作中学习，一个人不善于学习，接受不了新的知识，新的技能，也就没有什么潜力可挖，更无发展可言。

6. 有团队协作精神

外企深知个人的力量是有限的，只有发挥整个团队的作用，才能克服更大困难，获得更大的成功。管理的精要在于沟通，管理出现问题，一般是沟通出现故障，上级要与下级沟通，下级也应主动与上级沟通，部门之间也要沟通，不沟通就会产生隔阂，再一走了之就更不是好办法，善于沟通的员工易于被大家了解和接受，也会被公司认可。

做一个快乐的知识女性

知识女性处于女性生活的最上层，她们所享受的生活机遇比一般女性更容易、更充分，如受教育的机遇、婚姻机遇、就业机遇、晋升机遇、获取高薪的机遇等，因此，很多人都认为知识女性应该是最快乐的女性。事实上，知识女性的生活现实并非人人如此。究其原因，主要有两点：

(1) 知识女性大多是职业女性或事业女性，即使是最好的职位与最成功的事业也免不了给人带来烦恼和困惑，因为处于这个位置的女性，责任更重，挑战性更强。现代社会，科学技术日新月异、思想观念不断解放和发展，这些无疑为知识女性提供了体现自身价值的更为广阔的天地，但在知识女性的职业生涯中，有许多无形的障碍：因为你是女性，应聘时可能败于一个素质、能力比你差的男性；因为你是女性，你的工作能力和业绩可能屡受怀疑。女性常常顶着压力加倍努力，付出比别人更多的时间和精力。对于知识女性，职业与事业的压力是挑战也是一种社会病，社会病正是快乐的敌人。

(2) 知识女性由于具备较高的知识水平，而被人们以为应该追求高尚的事业并取得成功，但是，也不能因此而剥夺她们作为一个普通女性应该享受到的快乐。日常生活中，人人都有心理上、情绪上的低潮和波动，这不仅与个人性格、生理周期、内分泌状态等自身因素有关，而且还非常容易受工作压力、事业坎坷、爱情挫折和家庭不和等外界因素的影响，因此，在现代社会里，知识女性有压力的社会病更是屡见不鲜。有人说，做女人难。其实，做一个快乐的知识女性更难。

那么，怎样才能成为一个快乐的知识女性呢？

首先，要转换角色观念和行为模式，营造良好的心境是知识女性的必修课。知识女性因为有知识，最能成为快乐心境的主人。而要培养和掌握自己的心境，保持快乐，必须谨记十六字箴言："振奋精神，自得其乐，广泛爱好，乐于交往。"如果你感到不快乐，那么你要找到快乐的方法，那就是振奋精神；常为自己所有而高兴，不为自己所无而忧虑，就是自得其乐的最好方法；培养多种业务爱好，以陶冶情操、增加乐趣；广泛交友更是保持快乐心境必不可少的环节。

其次，只有健康女性才会拥有持久的快乐人生。关于健康女性，目前还没有一个统一和明确的标准。如按心理学分析，可从心理统计、心理症状和内心体验三方面去认识；按社会学解释，则可以把解决生活中所面临的实际问题的能力作为标准。但是，凡是能正确理解自己的社会角色、正确理解自己所处的社会环境、有能力解决自己所面临的问题、有一定目标并为之努力的知识女性，就一定是健康女性。

新世纪的知识女性遇上了前所未有的发展机遇。面临新的发展机遇，知识女性的责任更重，压力更大，健康内涵也更丰富。

泰戈尔曾说，当上帝创造男人的时候，他只是一位教师，在他的提包里只有理论课本和讲义；在创造女人的时候，他却变成了一位艺术家，在他的皮包里装着画笔和调色盒。健康女性应该成为知识女性的质量标准，快乐人生应该成为知识女性追求的人生目标。有了标准，有了目标，只要努力，一定成功。

女人智慧自测

以下各题选"是"得1分，选"否"得0分。根据你的实际情况，用"是"或"否"判断下列说法：

1. 书籍对我非常重要。
2. 在我未读、未说、未写之前，我可在脑中先听到这些字。
3. 我从听收音机或录音机所吸收的，要比我从看电视或电影所吸收的多。
4. 我对文字游戏，譬如拼字游戏、填字游戏等，都很感兴趣。
5. 我很喜欢以绕口令、打油诗或是双关语来自娱或与人同乐。
6. 别人有时会询问我，要我解释我所说的话，或我所写的文章的含义。
7. 对我而言，学习语文、社会学科和历史要较学习数理容易。
8. 当我在高速公路上开车时，比较注意巨幅看板上的文字，而不太注意风景。

9. 我在谈话中，经常会提到我读过或听过的事情。

10. 我最近写了些东西，自己觉得很不错，或是别人觉得很不错。

11. 我可以在脑中轻而易举地计算数目。

12. 我最喜欢数理科学。

13. 我喜欢玩需要逻辑思考的游戏。

14. 我喜欢尝试"如果……会如何"的小实验。（例如：如果我浇花时将水量增为两倍的话，结果会如何？）

15. 我会思索各种事物所蕴含的规则、周期或逻辑关系。

16. 我对科学的新发展很感兴趣。

17. 我相信几乎所有的事物都有合理的解释。

18. 有时，我的思维方式里透过一些清晰、抽象、无字、无图的观念。

19. 我喜欢指出人们在日常言行中的不合理、矛盾之处。

20. 当事物经过度量、分类、分析或计量之后，我才觉得比较安心。

21. 当我闭上双眼时，我常看见清楚的影像。

22. 我对色彩反应灵敏。

23. 我常用相机或摄影机拍摄身边的事物。

24. 我很喜欢玩拼图游戏、迷宫游戏和其他视觉的猜谜游戏。

25. 每晚，我的梦境都历历如真。

26. 在不熟悉的地方，我不太会迷失方向。

27. 我喜欢随意涂写。

28. 我觉得几何比代数容易。

29. 我很能想象当我临空鸟瞰某一事物时，该事物将呈现何种形象。

30. 我比较喜欢看有很多图画的读物。

解 析：

1～10题考察文字方面的智慧。

11～20题考察数学方面的智慧。

21～30题考察空间方面的智慧。

得分的高低并不代表智力的高下，只是通过这个测试明确自己思维能力在哪些方面有优势，哪些方面还存在欠缺，从而有针对性地在后天训练中加以提高。

第九章
女人的处世资本
——你是人脉高手

女性要拓展自己的生存空间

对于一个女人而言，如果你要想在事业上有进一步的发展，就必须懂得主动和人交往，广结人脉。而很多女性认为：主动和人接触常常是一件很困难的事情。她们羞于运用自己的交际能力，或是根本不愿展示自己的魅力。然而，不合时宜的谦虚，以及过分良好的家教，都会成为女性成功道路上的阻碍。其实，广结人脉的基本原则就是：谁在关系网中处理得当，谁就会认识更多的人且被更多的人认识。

那么作为一个现代女性，怎样才能广结人脉，拓展自己的生活空间呢？

第一，要确立目标。

一定要为你的人脉系统确定一个关键目标，不能漫无目的地到处寻找。你的目标定得越具体，你的关系网就越容易被联结起来。所以，一定要将你的愿望确立为一个可以用语言形容出来，并可以达到的目标，当你向这个目标前进时，所走的路与旁人的路产生交错，才会产生交际，也才会有机会交到对自己有实际帮助的朋友，于是成功的机会才会向你显现。

第二，要积极参加各种活动。

每个活动都会为你提供扩大社交圈的机会。你可事先思考一下，你希望认识哪些人，然后收集一些可以参与到与这些人交谈中去的信息。尽量适应环境，因为如果你要求自己至少要和三个以上的人攀谈的话，就算是无聊地站在那里应酬也会令你感到紧张。只有多参与各种活动，被别人信赖的机会就会越高，才有可能随时把自己推销出去；同时还能获得同行的知识与经验，使自己成功的脚步更稳健、更扎实。

第三，把你的愿望告诉别人。

不管你是在找一份新工作还是一台便宜的电脑，只要你并不知道谁能够帮助你，自我广告就可能会派上用场。将你的愿望告诉你所有碰巧遇到的人。通过自己的口头广告肯定会让你受益匪浅。

第四，积极利用各种集会时间。

活动前，讲座休息时或者是在午餐时，你都不要置身事外。你可以充分利用这些时间，结交一些你的同事、领导以及你身边不熟悉的人。因为事业的成功也可以是在下班时间取得的。

第五，注意收集信息。

在与人交谈时，仔细而且积极地倾听，并且通过提问，还可以让谈话朝着你希望的方向发展。为了你事业的发展，应该收集一些联系方式和值得了解的信息。

倾听是最好的恭维

如果你希望成为一个善于与人沟通的高手，那你就得先做一个注意倾听的人。要使别人对你感兴趣，那就先对别人感兴趣。

倾听别人说话是与人有效沟通的第一个技巧。要想做一个让人信赖的人，这是个最简单的方法。众所周知，最成功的处世高手，通常也是最佳的倾听者。

倾听是对别人的尊重和关注，也是每一个人自幼学会的与别人沟通的一个组成部分，它在日常的人际交往中具有非常重要的作用。

1. 倾听可以使说话者感到被尊重

专心地听别人讲话，是你所能给予别人的最大赞美。不管对象是谁，上司、下属、亲人或者朋友，倾听都有同样的功效。人们总是更关注自己的问题和兴趣，如果有人愿意听你谈论自己，马上有被重视的感觉。

2. 倾听可以缓和紧张关系

倾听不但可以缓和紧张关系，解决冲突，增加沟通。倾听还可以增进人与人之间的相互理解，使公司和员工之间避免一些不必要的纠纷，从而节约时间和费用。

全球最大的毛料供销商朱利安·戴莫一次碰到一位怒气冲冲的顾客，他欠钱之后，信用部门坚持让他偿付欠款。这位顾客后来只身跑到他的办公室，扬言不但拒绝付款，而且不再从他那里进货。

"我耐心听完讲话，然后说：'非常感谢你告诉我这些话，因为我的信用部门会冒犯你，肯定也会冒犯其他顾客，这太糟糕了。'他本来想大闹一场，而愤怒在我的耐心倾听中化解了。"

3. 倾听可以解除他人的压力

把心中的烦恼向别人诉说能减缓自己的心理压力，因此，当你有了心理负担和心理疾病的时候，去找一个友善的、具有同情心的倾听者是一个很好的解脱办法。

4. 倾听可以使我们成为智者

倾听可以让我们学到更多的东西，更好地了解人和事，使自己变得聪明，成为一名智者。

虽然报刊、文献资料等媒体是人们了解信息的重要途径，但会受到时效的限制。而倾听却可以迅速地得到最新信息。人们在交谈中有很多有价值的消息，虽然有时常常是说话人一时的灵感，对听者来说却有启发。实际上就某事的评论、玩笑、交换的意见、交流的信息，以及需求消息，都有可能是最快的消息，这些消息不积极倾听是不可能抓住的。所以说，一个随时都在认真倾听他人讲话的人，在与别人的闲谈中就可能成为一个"信息的富翁"。

5. 倾听会给对方留下深刻印象

许多人之所以不能给人留下良好印象，就是因为不注意听别人讲话。戴尔·卡耐基曾举过一例：在一个宴会上，他坐在一位植物学家身旁，专注地听着植物学家跟他谈论各种有关植物的趣事，几乎没有说什么话，但分手时那位植物学家却对别人说，卡耐基先生是一个最有发展前途的谈话家，此人会有大的作为。因此，学会倾听，意味着你已踏上了成功之路。

那么，如何才能学会倾听呢？这就要求处于人际交往中的女性要熟练掌握倾听的技巧。

1．倾听时要有良好的精神状态

良好的精神状态是倾听质量的重要前提，如果沟通的一方萎靡不振，是不会取得良好的倾听效果，它只能使沟通质量大打折扣。良好的精神状态要求倾听者集中精力，随时提醒自己交谈到底要解决什么问题。听话时应保持与谈话者的眼神接触，但对时间长短应适当把握。如果没有语言上的呼应，只是长时间盯着对方，那会使双方都感到局促不安。另外，要努力维持大脑的警觉，而保持身体警觉则有助于使大脑处于兴奋状态。所以说，专心地倾听不仅要求有健康的体质，而且要使躯干、四肢和头部处于适当的位置。

2．使用开放性心态

开放性心态是一种信息传递方式，代表着接受、容纳、兴趣与信任。

开放式态度是一种积极的态度，意味着控制自身的偏见和情绪，克服思维定式，做好准备积极适应对方的思路，去理解对方的话，并给予及时的回应。

热诚地倾听与口头敷衍有很大区别，它是一种积极的态度，传达给他人的是一种肯定、信任、关心乃至鼓励的信息。

3．及时用动作和表情给予呼应

作为一种信息反馈，沟通者可以使用各种对方能理解的动作与表情，表示自己的理解，传达自己的感情以及对于谈话的兴趣。如微笑、皱眉、迷惑不解等表情，给讲话人提供相关的反馈信息，以利于其及时调整。

4．适时适度的提问

沟通的目的是为获得信息，是为了知道彼此在想什么，要做什么，通过提问可获得信息，同时也从对方回答的内容、方式、态度、情绪等其他方面获得信息。因此，适时适度地提出问题是一种倾听的方法，它能够给讲话者以鼓励，有助于双方的相互沟通。

5. 要有耐心，切忌随便打断别人讲话

有些人话很多，或者语言表达有些零散甚至混乱，这时就要耐心地听完他的叙述。即使听到你不能接受的观点或者伤害某些感情的话，也要耐心听完。听完后才可以反驳或者表示你的不同观点。

当别人流畅地谈话时，随便插话打岔，改变说话人的思路和话题，或者任意发表评论，都被认为是一种没有教养或不礼貌的行为。

6. 必要的沉默

沉默是人际交往中的一种手段，它看似一种状态，实际蕴含着丰富的信息，它就像乐谱上的休止符，运用得当，则含义无穷，真正可以达到"无声胜有声"的效果。但沉默一定要运用得体，不可不分场合，故作高深而滥用沉默。而且，沉默一定要与语言相辅相成，才能获得最佳的效果。

总之，如果你希望成为一个善于与人沟通的高手，那你就得先做一个善于倾听的人。要使别人对你感兴趣，那就先对别人感兴趣。问别人喜欢回答的问题，鼓励他人谈论自己及他所取得的成就。不要忘记与你谈话的人，他对他自己的一切，比对你的问题要感兴趣得多。

倾听是我们对别人最好的一种恭维，很少会有人去拒绝接受专心倾听所包含的赞许。聪明的女人，是一个会倾听的女人，善于倾听，就会让你处处受到欢迎。

愿天下所有的女人都能成为会倾听的女人！

要善于"推销"你自己

女性在事业上取得良好的成绩，是在通向成功的道路上走了一半，更为重要的是要善于巧妙地展示自己的成绩。

巧妙地推销自己，是变消极等待为积极争取、加快目标实现的不可忽视的手段。常言道："勇猛的老鹰，通常都把他们尖利的爪牙露在外面。"精明的

生意人，想把自己的商品待价而沽，总得先吸引顾客的注意，让他们知道商品的价值。人，何尝不是如此？《成功地推销自我》的作者 E·霍伊拉说："如果你具有优异的才能，而没有把它表现在外，这就如同把货物藏于仓库的商人，顾客不知道你的货色，如何叫他掏腰包？各公司的董事长并没有像 X 光一样透视你大脑的组织。"因此，积极的自我推销，才能吸引他人的注意，从而判断你的能力，助你成功。

推销自己既是一种才华，也是一门艺术。一个人要推销自己，就要做到：

1．要确定交往的对象

根据不同的对象，推销应采取不同的方式。你的外表应该随着推销对象的不同而有所变化。比如，对方要买的是一种著名公司所出的高级产品，他通常喜欢推销员特别强调高级产品带给人高级身份的感觉，如果推销员戴的是高级手表，穿的是名贵的鞋子，就会给对方一种买到名贵货品的印象，但有时候这种海派的作风，却会收到相反的效果。有些人不喜欢这种珠光宝气的作风，因为他们会觉得，商家花了太多的钱去维持推销员的珠光宝气，所以货品一定太贵。对这种顾客，保守的服饰比较理想。

如果是在公司里，你就要考虑一下：你在公司里喜欢与哪些人交谈，他们对你抱有什么期望，你有哪些特点能够对你的"对象"产生影响？同时注意观察卓有成效的同事的行为准则，并吸取他们的优点。

2．利用别人的批评

许多公司或企业的销售部门利用调查表来了解消费者对自己产品好坏的评价。你也应了解别人对你的意见和指责，应该坦诚地接受批评，从中吸取教训。另外，应当注意言外之意。例如，如果你的上司说，你工作效率很高，那么在这背后也可能隐藏着对你的批评。

3．要善于展示自己的优点

在人际交往中，女性要善于展示自己的优点。例如，你的语调是否庄重、胆怯或令人讨厌。语调与身体姿势、行走、握手和微笑一样可以说明一个人的许多特性。

但如果表现不好，就容易给人一种夸夸其谈、轻浮浅薄的印象。因此，最大限度表现你的美德的最好办法，是你的行动而不是你的自夸。

成功者善于积极地表现自己最高的才能、德行，以及各种各样处理问题的方式。这样不但表现自己，也参与吸收别人的经验，同时获得谦虚的美誉。学会表现自己吧——在适当的场合、适当的时候，以适当的方式向你的领导与同事表现你的优点，这是很有必要的。

4.要善于包装自己

超级市场的货架上灰色和棕色的包装很少，为什么呢？这是因为没有人喜欢这些颜色的包装。你要不想成为"滞销品"，也应当检查自己的"包装"：服装、鞋子、发型、打扮。要敢于经常改变自己的"包装"，那常会给人耳目一新的感觉。

女人在推销自己的时候，外表非常重要，而且永远不可忽视。生活中有很多女人，虽然相貌并不漂亮，但在事业上也能获得很大的成功，关键是她们懂得包装自己。因此，对你的外表，你要确实地加以注意，以充分挖掘、利用自己的优势。比如，你可以上高级理发店，梳一个漂亮的发型；可出减掉 10 斤体重，让自己更苗条些等，总之，你想尽一切办法，也要变成一个讨人喜欢，让人愿意和你待在一起的那种人。

5.适当表现你的才智

一个人的才智是多方面的，假如你是想表现你的口语表达能力，你就要在谈话中注意语言的逻辑性、流畅性和风趣性；如果你要想表现你的专业能力，当上司问到你的专业学习情况时就要详细一点说明，你也可以主动介绍，或者问一些与你的专业相符的新工作单位的情况；如果你想要让上司知道你是一个多才多艺的人，那么当上司问到你的爱好兴趣时就要趁机发挥，或主动介绍，以引出话题。至于表现自己的忠诚与服从，除了在交谈上力求热情、亲切、谦虚之外，最常用的方式是采取附和的策略，但你要尽量讲出你之所以附和的原因。总之，在表现你的才智时，要注意适时、适当的原则，切不可风太过，引起上司的猜忌。

6.推销自己应自然地流露

会推销自己的人都是自然地流露而不是做作的表现。成功者从不夸耀自己的功绩，而是让其自然地流露出来。比如，在你向领导汇报工作时，不妨说："我做了某事……但不知做得怎么样，还望您多多指点，您的经验丰富。"这样，你好像是在听取领导的意见，而实际上你已经表现了自己，又充分体现了你谦虚的美德。如果你以请功的口气直接向您的领导说，我做了某事，这事很不简单，做起来真不容易，其具有怎么怎么高的价值。这样，你在领导心目中就已经损害了你的形象，也降低了你在领导心目中的地位。

7. 占领"市场"

在公司里要尽量使自己引起别人的注意，例如在夏天组织一次舞会或与同事们一起外出旅游。同时要与以前的同事和上司们保持联系，建立一张属于自己的关系网。

8. 不要害怕错误

工作中出现错误在所难免，关键是你应为对付出现严重的情况做好准备。如果一个项目真的遭到失败，既不要惊慌失措，也不要转而采取守势，而应勇敢地承担责任，提出解决问题的办法。在紧张状态中表现得头脑清醒、思路敏捷的人会得到同事和上司的器重。

还有，在就业面试时推销自己，绝不可表现出害怕、畏惧的样子。就算你这次不能被雇用，还有别的工作机会。当然，如果你已经失业了一年，有小孩需要抚养，那你在面试时，有权看起来忐忑不安。但可能的话，要看起来很有信心，最重要的是，你要认为你有资格担任那项职务，如果你被雇用的话，你认为你会做得很好。此外，当你在推销自己的时候，别担心做错事，人总是要不断地从错误中获得教训、得以成长的。

9. 另辟蹊径，与众不同

这是一种显示创造力，超人一等的自我推销方式。

款式新颖、造型独特的东西常常是市场上的畅销货；见解与众不同，构思新奇的著作往往供不应求。独特、新颖便是价值。人也一样，他人不修边幅，你不妨稍加改变和修饰；他人好信口开河，你最好学会沉默，保持神秘感，时间越长，你的魅力越大；他人若总是扬长避短，你就可试着公开自己的某些弱点，以博得人们的理解与谅解，等等。如果你愿意尝试用这些方法来表现自己，就一定可以收到异乎寻常的效果。

精心营造自己的社交圈

女人要想在社交上独立，重要的一点就是要有自己的交际圈，而不是作为丈夫的妻子加入丈夫的交际圈。另外，拥有自己独立的交际圈，也说明女人的交际范围广泛。

作为一个女性，要善于塑造自我、肯定自我、提升自我、表现自我，而在人际交往中能够精心营造出属于自己的社交圈，则是新时代女性在性别主体上和独立性上的最好体现，她们的社交圈通常都包含"第一圈子"和"第二圈子"两个层次，其中：

第一圈子：是为了利益。通常"第一圈子"中利益的成分占很大比重，因为将彼此联系在一起的是工作。很多事情，就算你不喜欢，你还得做；很多人，就算你不喜欢，你也得和他们打交道。在这个圈子里，有你所不喜欢但必须直面的人，所以这个圈子未必是轻松的。

第二圈子：是你喘息的地方。你可以和好友约好每周末做美容，善待自己外加放松心情；你可以和几个玩得来的朋友下酒吧逛商店，聊到哪里是哪里；还可以在节假日和"狐朋狗友"一起出门旅游，潇洒走天涯。这样的圈子很松散、默契，因为大家的目取向很明确，就是追求快乐。

聪明的女人善于打造自己的交际圈，她们在多个交际圈中长袖善舞，这不但是女人的自信，也是女人魅力的表现。

那么，女性要怎样成功打造自己的交际圈呢？下面就向女性朋友们介绍一些成功与人交往的技巧和策略，谨供参考：

1. 别总做接受者

在社会交往中不能总做接受者。如果你仅仅是个接受者，而不会主动联络，帮助别人，那么无论什么网络都会疏远你。搭建关系网络时，要做得好像你的职业生涯和个人生活都离不开它似的，因为事实上的确如此。

2. 与圈子中每个人保持积极联系

要与关系网络中的每个人保持积极联系，唯一的方式就是善于运用自己的日程表。比如，记下那些对自己特别重要的人的日子，像生日或周年庆祝等，并在那个日子到来时，打电话给她们，至少给她们寄张贺卡让她们知道你时时在想着她们。

3. 推销自己

在人际交往中要尽可能地推销自己。当别人想要与你建立关系时，她们常常会问你是做什么的。如果你的回答没有表示出你的热情，你就失去了一个与对方交流的机会。使你的回答充满色彩，同时也能为对方提供新的话题，说不定其中就有对方感兴趣的。

4. 要常出席重要场合

多出席一些重要的场合，会对你扩大自己的社交圈有很大帮助。因为重要的场合可能会同时汇聚了自己的不少老朋友，利用这个机会你可以进一步加深一些印象，同时还可能认识不少新朋友。所以对自己关系很重要的活动，不论是升职派对，还是同事的婚礼，都要积极参加。

5. 适时中断无益的老关系

不要花太多时间维持那些对自己无益处的老关系。当你对职业关系有所意识，并开始选择可以助你事业成功的人时，你可能不得不卸掉一些关系网中的额外包袱。其中或许包括那些相识已久但对你的职业生涯没什么帮助的人。如果你一再维持对你无益处的老关系，只是意味着时间的浪费。

6. 利用自己的旅行

如果你旅行的地点正好邻近你的某位关系成员，不要忘记提议和他共进午餐或晚餐，借此增加彼此的了解，获取一些对自己很重要的信息。

7. 以最快的速度去祝贺他

遇到朋友或同事升迁或有其他喜事要记得在第一时间内赶去祝贺。当你的关系网成员升职或调到新的组织去时，也要尽早赶去祝贺他们。同时，也让他们知道你个人的情况。如果不能亲自前往祝贺，最好也应该通过电话来表达一下自己的友谊。

8. 帮助他人

如果朋友遇到困难时应及时安慰或帮助他们。不论你关系网中任何一个人遇到麻烦时，你应该立即与他通话，并主动提供帮助。这是表现支持、联络感情的最佳时机。

9. 遵守关系网络的规则

时刻提醒自己要遵守人际交往中的规则，不是"别人能为我做什么"而是"我能为别人做什么"，在回答别人的问题时，不妨再接着问一句："我能为你做些什么？"

10. 组建有力的人际关系核心

在自己的关系网络中选几个自认为能靠得住的人组成稳固、有力的人际关系的核心。可以包括自己的朋友、家庭成员和那些在你职业生涯中彼此联系紧密的人。他们构成你的影响力内圈，因为他们能让你发挥所长，而且彼此都真心希望对方成功。在这个圈子里不存在钩心斗角，他们不会在背后说你坏话，开且会从心底为你着想。你与他们的相处会愉快而融洽。

当然，成功地打造了自己的人际关系网络以后，并不代表它就一成不变了，事实上，世界上的一切事物，都处于不断的运动、变化和发展之中。精心营造的人际体系，如果不随着客观事物的发展而发展，就会逐步处于落后、陈旧甚至僵死的状态。因此，一个合理的人际结构，必须是能够进行自我调节的动态结构。动态原则反映了人际结构在发展变化过程中前后联系上的客观要求。

所以，要不断检查、修补自己的关系网络，随着部门调整、人事变动及时调整自己手中的牌，修补漏洞，及时进行分类排队，不断从关系之中找关系，使自己的关系网络一直有效。

办公室生存的人际规则

办公室就是个小社会，不像在学校或家里那么单纯，每天待在办公室的人很少能感觉到做人的轻松与悠闲，职场中充满着世俗的体面和晋升的诱惑，也充满了人际的诡谲和竞争的陷阱。很多白领在表面上相安无事，骨子里却渗透着尔虞我诈、钩心斗角。身处职场的白领女性想要在办公室里，深得上司和同事敬佩，就必须懂得办公室内的人际规则。综观职场上那些混得体面、升职快的人，哪一个不是通世故、讲分寸、深谙办公室生存之道的人？掌握了办公室的人际规则，也就能在职场游刃有余了。

■ 办公室生存的"白金法则"

1．排在倒数第二

只要知道在自己之后，还有一个排在最末位置上的同事，承担所有在他面前出现的错误、疏忽。现在时兴末位淘汰，只要保住你倒数第二的位置就够了。假如你成为倒数第一，就应赶紧采取实施从最末的位置上逃离。如果你已经不在最末一位，就要注意千万不要再踏进去。

2．注意倾听

每个人都有这样的冲动，就是要向别人展示你是如何与他们的思路契合。但是，假如你真的与他们的想法一致，那么你就该知道，人们大多都喜欢听自己说话。哪怕把同样一件事情用不同的方式讲 5 遍，人们似乎都不会感到厌倦。所以，假如你够聪明，你就该学会耐心倾听，让他们一偿"夙愿"。只要不时简单地发出"嗯"或"对"就可以了。你将会被大家称赞是个不只会听人说话，而且还了解别人的人。

3．适时沉默

有时候，你会发现自己身处颇为微妙的境况。当两个或更多的人因为矛盾几乎就要起言语冲突时，你刚好就在现场。表面上看，他们似乎是在争论有关工作上的小事。但是，实际上是这两个人根本就彼此讨厌。所以，此时你一定要克服你想插嘴劝架的渴望，紧紧地闭上你的嘴巴。基本上，在当时无论你说什么都是错的，不是因为你身份不够或是缺乏解决方案或社交技巧，而是因为没有人会在这时候喜欢有人插手。在这个多变的人际关系的化学反应中，最好等到酸碱完全中和酸碱值回到正常时，再有所"动作"。

4．忌兴风作浪

在办公室里一定要耐住性子，别去掺和与自己无关的事，更不能兴风作浪、推波助澜，否则最终倒霉的会是你。虽然有时会有意外，但是不能冒着被呛水的危险去"游泳"。

5. 让别人认为有别的工作在等你

在上司与同事的眼中，不会有比自愿离职更有身价的表现了。在办公室中，你必须要总是看起来像要离职，或者是至少正在考虑离职的样子。这样就会引起上司的注意，认为你是个人才，为了留住你，可能会给你加薪、晋升以及受尊重的机会，这是再怎样努力工作也永远比不上的。

■ 同事之间相处的艺术

在办公室里，能否处理好与同事的关系，会直接影响你的工作。建立良好的人际关系，得到大家的喜爱和尊重，无疑会对自己的生存和发展有很大的帮助，而且愉快的工作氛围，可以让人忘记工作的单调和疲倦，对生活能有一个美好的心态。这就需要你掌握好同事相处的艺术，精通与人沟通的技巧。

1. 不私下向上司争宠

要是办公室当中有人喜好巴结上司、向上司争宠的话，肯定会引起其他同事的反感而影响同事之间的感情。要是真需要巴结讨好上司的话，应尽量邀同事一起去巴结上司，而不要自己在私下做一些见不得人的小动作，让同事怀疑你对友情的忠诚度，甚至还会怀疑你品德有问题，以后同事再和你相处时，就会下意识地提防你，就连其他想和你交朋友的人都不敢靠近你了。因此，不私下向上司争宠，也是处理好同事之间关系的方式之一。

2. 直接向上司陈述你的意见

在工作中，每个人考虑问题的角度和处理的方式难免有差异，对上司所做出的一些决定有看法或意见也属正常，但切记不可到处宣泄，否则经过几个人的传话以后，即使你说的话有道理也会变调变味，传到上司的耳朵里时，便成了让他生气和难堪的话了，难免会对你产生不好的看法。所以最好的方法就是在恰当的时候直接找上司，向其陈述你自己的意见，当然最好要根据上司的脾气性格用其能接受的语言表述。作为上司，他感受到你对他的尊重和信任，对你也会另眼相看，这比你到处发牢骚好多了。

3. 乐于从老同事那里吸取经验

在办公室里，那些比你先来的同事，比你积累了更多的经验，有机会不妨向他们请教，从他们的经验里寻找可以借鉴的地方，这样不仅可以帮助自己少走弯路，更会让公司的前辈们感到你对他们的尊重。尤其是那些资历比你长，但其他方面比你弱一些的同事，会有更多的感动，而那些能力强的同事，则会认为你善于进取，便会乐于关照并提携你。

4. 让乐观和幽默使自己变得可爱

即使你从事的工作单调乏味或是较为艰苦，也千万不要让自己变得灰心丧气，更不要与其他同事在一起抱怨，而要保持乐观的心境，让自己变得幽默起来。因为乐观和幽默可以消除同事之间的敌意，更能营造一种和谐亲近的人际氛围，有助于你自己和他人变得轻松，从而消除了工作中的乏味和劳累，最为重要的是，在大家眼里你的形象会变得可爱，容易让人亲近。当然，幽默要注意把握分寸，分清场合，否则会招人厌烦。

5. 帮助新同事

新同事对手上的工作和公司环境还不熟悉，很想得到大家的指点，但是有时由于和同事不熟，不好意思向人请教。这时，如果你主动去关心帮助他们，在他们最需要得到关心和帮助之时，伸出援助之手，往往会让他们铭记于心，打心眼里深深地感激你，并且会在今后的工作中更主动地配合和帮助你。

6. 与同事多沟通

生活中不难发现，有的企业因为内部人事斗争，不仅企业本身"伤了元气"，对整个社会舆论也产生不良影响。所以作为一名企业员工，尤其要注意加强个体和整体的协调统一。无论自己处于什么职位，首先要与同事多沟通，因为个人的能力和经验毕竟有限，要避免"独断独行"的印象。当然，同事之间有摩擦是难免的，即使是一件事情有不同的想法，也应本着"对事不对人"的原则，及时有效地调解这种关系。从另一角度来看，此时也是你展现自我的好机会。用成绩说话，真正令同事刮目相看。

7. 适度赞美，不搬弄是非

若想获得同事的好感，适度的赞美是必要的，如"你今天的唇膏颜色真漂亮"，在无形中让同事增加了对你的好感。但切记不要盲目赞美或过分赞美，这样容易有谄媚之嫌。同时，切忌对同事评头论足、搬弄是非，要尊重个人的权利和隐私。如果你超越了自己身份的话，很容易引起同事的反感。

■ 办公室女性的"三忌"

1. 忌在办公室搔首弄姿

因为人只有先自尊，才有别人尊重你。对于办公室女性来讲，自尊是非常重要的。

女性一旦失去了自尊自爱，那她就只能匍匐在权力的脚下，乞求别人的怜悯与恩赐。许多女性就是因为失去了自尊而成为权力的牺牲品。

女性在与上级相处的过程中，"自尊"的含义包括以下几点：

(1) 独立自主。靠自己的本事吃饭是最长久、最保险的。正确处理上下级关系，只是为了使自己拥有一个较好的工作环境，从而使自己的才能得到充分发挥，成绩受到肯定，而并非是献媚于领导，不劳而获或额外得到更多的好处。

女性较之男性要有更多的依赖性，这是由女人的天性决定的。但依赖是有限度的，不能完全地依赖别人。另外，依赖还应该是有原则的，不能盲目地依赖、丧失尊严地依赖。否则，她就永远别想站起来，别想挺直腰杆做人。对于这种不想付出劳动只想收获的人，领导是不会喜欢的。

(2) 不贪婪、不虚荣。虽然上下级之间只是一种工作关系，但有时候这种关系又能带来利益。因为领导有权决定谁获得的多一点，谁获得的少一点。

女性如果能够恪守原则、洁身自好，不贪图安逸和虚荣，那么她就能抵制权力的诱惑，看清楚短期利益后面的巨大危险。

自尊会使你头脑冷静、心情平静，不为眼前繁华一时的物欲所迷惑，帮助你站稳脚跟，使你在上司面前没有可供利用的弱点。

(3) 珍惜和爱护自己的名誉。人的名誉是无价的。有钱买不来，失去了便再也难找回来。对于女性来说，名誉尤其重要，社会对女性的名誉有着较高的要求。

如果办公室女性在与上司相处中能够珍惜和爱护自己的名誉，就会保持头脑冷静，抵制诱惑，不会逾越正常的上下级关系，不会违背自己做人的准则。

同时，女性还应注意检点自己的言行，不说过头的话，不做不合时宜的事，时刻注意保持言行的稳重，仪态的端庄，避免给人留下轻浮的印象。

2．忌在领导面前献殷勤

尊重领导，认真执行领导的指令，这都是对的。但不要在领导面前献殷勤，溜须拍马。虽然你讨好领导与同事没有直接的利害关系，但一般情况下同事都是很反感的。人往高处走，这是一种普遍心态，可怕的是"马屁精"中有一种人，他通过踩扁身边的同事，来达到自己高升的目的，如向领导打小报告，故意贬低你，或者直接在上司面前让你难堪，领导训斥你的时候，他在一边"敲锣边"，让你猝不及防。对付这种人最好的办法就是"先下手为强"，越过他向更高层的领导披露他的劣迹。

他打小报告，造成领导对你的成见，你就去找领导当面把事情讲清楚，增加彼此间的交流。如果他当着领导的面让你下不来台，不要觉得压力大，要立即正面回答问题，绕开他们的陷阱，但也不要顾左右而言他，因为他们一定会穷追不舍，面对这种情况，幽默是最好的防御。

3．忌在办公室散布流言

办公室中经常有这样一些人：他们到处散布别人的流言蜚语，搬弄是非。对他们来说也许只是没事磨磨牙，或者增加一点茶余饭后的谈资，但他们的言辞却对别人产生了很大的影响。流言蜚语是软刀子杀人，会使人陷入深深的痛苦之中而不能自拔。

在与这类人的交往中，可以采用以下的方法：

(1)给予拒绝。拒绝答应对同事间的闲言碎语或是流言蜚语保密，有问题就摆在桌面上，以便大家共同解决。看待问题要有正确的方法，要有一定的是非标准，不能偏听偏信。

(2)置之不理。有些人搬弄是非的恶习已成为其性格特点，那么你就干脆不理睬他。

不要认为那些把是非告诉你的人是对你信任的表现，他们很可能是希望从中得到更多的谈话材料，从你的反应中再编造故事。所以，聪明的人不会与这种人做朋友。而令他远离你的办法，是对任何有关传闻反应冷淡、置之不理，不作回答。

（3）不宜过多交往。有时候，尽管你听到关于自己的流言后感到愤慨，但表面上你必须努力控制自己的情绪，保持头脑冷静、清醒。你可以这样回答："啊，是吗？人家有表示不满、发表意见的权力嘛。"或者说："谢谢你告诉我这个消息，请放心，我不会放在心上的。"这样的话，对方会感到无空子可钻，也就不会再来纠缠不休了。

如对方总是不厌其烦地把不利于你的是非到处散播，以致对你的情绪造成极大的负面影响，你应拒绝与这种人来往。

交际能力自测

根据自身的实际情况，从中选择最适合自己的答案。

1. 在公共汽车站牌前，因人多而没有挤上去，你的朋友说："等一会儿再上吧！"你回答：

   a. 老是这样会一直乘不上车的！

   b. 是的，再等等下一班车吧。

   c. 高峰期总是这样，真讨厌！

2. 在公共汽车上，由于人多互相拥挤，有人对你说："不要挤！"你回答：

   a. 人多，没办法！请你向前靠些吧！

   b. 对不起！

   c. 真是的，我也不想挤！

3. 与恋人约会时，恋人因来晚了而对你说："哟，我来迟了。"你如何回答？

   a. 真不礼貌！稀里糊涂的。

   b. 不必介意！不必介意！

   c. 你是我喜爱的人嘛！

4. 在家中，妈妈说："你为什么混得这样差，是怎么回事？"你回答：

   a. 妈妈的孩子呗，没办法！

   b. 对不起！我已做了努力。

   c. 下次会让你高兴的。

5. 在学校，当你和同学们一起议论另一个同学时，其中一位同学说：
"他又碰钉子了。"你接着说：

a. 那家伙差劲！真差劲！

b. 撒谎！是真的吗？

c. 真可怜！

解 析：

以上问题选 a 得 1 分，选 b 得 2 分，选 c 得 3 分。记录你的得分并加总。

0～3 分：交际能力很不理想。在公共场合，常常带有强烈的攻击性，碰到不顺心的事，就立即发怒。如果不加以改善，不适合做有关群体性的工作。

4～8 分：具有很强的交际意识和交际能力，遇事能够仔细考虑他人情绪和周围环境。即使讨厌的事情，如有必要，也能够控制住自己的感情去适应环境。需要防止的是：过于冷静，以致淡漠处世，丧失个性，失去自我发展的机会。

9～15 分：对自己的好恶不太外露，但在行动上给人以唯我独尊的印象，不太考虑别人的情绪，不善于理解别人的行动。因此，你要注意把自己放在大环境中去生活，并且适应环境。

第十章

女人的财商资本
——让你的自信拥有源泉

认识金钱，才能驾驭金钱

金钱在生活中的作用越来越重要，女性也越来越要求独立，而独立本身也有了新定义。女性不再只是满足于有份工作，能养得起自己就行了。她们需要在人生面临选择，在家庭需要帮助时，能够轻松地拿出一笔资金来改变局面。而女性要想轻松地驾驭金钱，首先就要认识金钱。

■ 强化你的金钱意识

"金钱不是生命的目的，只是生命的工具。"这是法国作家小仲马的观点，它告诉人们必须先握住金钱这个工具，才能实现生命的目的。

许多女性常说"我缺钱"、"我需要钱"。但是，她们却竭尽所能地在自己周围筑起一道道的墙，让金钱无法进入。

因此，女人要想有钱，就必须先有赚钱的信念。你可以制作一张清单："我对金钱的看法"。列出你所有的信念，列出每一项你儿时听到对于金钱、工作、收入以及财富的评论。同时，写下你对钱的感觉。切实地审视你"对钱"与"用钱"的态度！你会为自己的发现大吃一惊。

女性必须了解，除非你在意识中创造金钱并且拥有它，否则没有任何财物会进入你的生活里。你要把这种金钱意识储存起来，直到有一天足够多时，它们就会以财富的形式回到我们身边。

当你的收入开始增加，工作渐入佳境时，钱就会开始大量涌来，你便拥有了财富，那时，千万别浪费时间在纳闷为何自己可以致富，别人却不行上面。而是要继续抓住一切可能的机会，赚取足够多的钱，这时，还要注意，最好把每月收入的 20% 存起来，用在特殊的地方，如购买房子或做生意等大笔的花费上，这么做可以避免你挪用这些收入。即使刚开始你只能存少量的钱，也要存起来，因为它的增加速度是相当惊人的。这么做可以帮助你创造自我价值。

女性要拥有金钱，就必须在信念上大步跳跃，并将这笔备用的钱从收入里扣除，即使你的银子还没入袋，然后你可以用剩余的钱来制定下个月的家庭预算。你会惊奇地发现，这样做将为你的生活带来更多美好的事物。

所以，现代女性一定要有金钱意识，并不断强化，这样才能为你带来财富。

■ 金钱与幸福

在某电视台的一个速配节目中，讨论一个有关"金钱与幸福"的话题，6 位男嘉宾中只有 1 位坚持认为金钱与幸福毫无关系，幸福根本不需要什么物质基础。他颇为清高地坚持己见，结果只有他一个人没有速配成功。一个很普通的事例就让他哑口无言：假如你太太深夜得了急症，送到医院后急需手术，而你此时却拿不出必需的手术费用，那岂不白白耽误了爱人生命？也许有女孩子欣赏他的勇气，但却未必敢托付一生——目前一无所有没关系，但绝不能甘心如此呀，有句话叫"贫贱夫妻百事哀"，爱情再美好也不能拿来当饭吃，当衣穿，当房子住，爱情是需要经济基础作为支撑的。

要有"足够"的金钱，就会有幸福。

在另一方面，也有人认为金钱能买到一切，只要有足够多的钱，就可以拥有一位品位较高的伴侣，幸福的家庭，这种观点也是不可取的。因为，只有正义与平安才能够提供保护、稳定与名誉，也才是能吸引最佳伴侣的条件。

所以说，金钱与幸福是相辅相成、互为条件的，现代女性要把握好金钱与幸福的度，不可追求富足的生活而放弃精神上的满足，也不能因沉迷于爱情而一无所有。

■ 金钱并非保障

虽然很少有人真正知道自己想从生活中获取什么，但大部分的人却认为：只要有了足够的钱，就可以使他们得到想要的一切。这样，他们不仅错失了生活的本质，也曲解了金钱的本来意义。诚然，金钱对人们的生活的确有作用，但是并不像大多数人想的那么重要。

现实生活中，许多人通过努力工作、继承遗产或是不合法的手段得到了大笔金钱，然而，或者是因为不满足，或者是因为钱而导致朋友的纷争、家庭的破裂，或是因为钱已够多而失去了目标，总之，他们都没有得到快乐。许多有钱人拥有一切物质上的享受，却过着自暴自弃的生活。

还有人把钱看成生活的保障和建立安全感的基础，这会制约你去相信应该一心一意地积蓄物质财富，作为你退休或遭到意外时的保障。如果你开始把钱看成完全的保障，你对钱的认识就会出现问题，就像不能买爱、朋友和家人，你也买不到真正的保障。

人所能拥有的真正的保障应该是内在的保障。这种内在的保障来源于天赋、创造力、才能、健康的体魄等内在因素，使你相信你能够运用自身的条件，去应付或克服作为一个独立的人所要面对的一切问题和情况。你如果一旦拥有了这种内在的实际的保障，你就不会有那么多的惶恐和害怕，也不会将时间和精力专注于给自己建立外在的财务上的保障。最好的财务保障就是内在的创造能力，这种保障任何人都夺不去，你永远都能想办法谋生。你的本质建立于你本身是什么人，拥有怎样的精神状态，而不是你所拥有的外在的物质。你即使失去了所拥有的，你也还是自己生活的中心，这使你能保持健康明朗的生活过程。

另外，将个人的安全感建立在金钱上，不外乎修建空中楼阁。那些努力于为自己建立保障的人是最没有保障的人。情感上缺乏保障的人积累大量的金钱来抵御人格上所受的打击，填补空洞脆弱的内心，宣泄不愉快的感觉。追求保障的人本质上极为缺乏安全感，因此试图通过外部的事物，比如金钱、伴侣、房子、车子和名声，来求得心理上的安稳和平衡，他们一旦失去了自己所拥有的金钱财富，就失去了自己，因为他们的安全感、对自己的认同感，完全是以金钱为根本的。

以物质和金钱追求为基础保障有很多褊狭之处，就算你是超级富翁，也可能遭遇车祸身亡，有钱人的健康状况和没钱的人健康状况一样会逐渐衰败，战争爆发影响穷人，也影响富人。以钱为保障的人还时刻担心金融崩溃时他们会失去所有的钱财。他们不仅没得到什么确实的保障，反而还增加了许多让自己恐慌的事。

钱是生存的一项重要因素，但这并不能说，有多少钱就有多少快乐。为这个社会主流所认同的那些成功人士，总是时时刻刻在宣扬，有钱人才是生活的胜利者，但事实证明，大部分财力平平的人比那些百万富翁更有资格当胜利者。

改变生活从家庭理财开始

家庭理财，就是在保证家庭基本生活的必要开支、维护家庭生活质量不下降的前提下，使家庭财产有所增长。

多数家庭的理财方式是省吃俭用，这种方法虽然很有效，但仅是一种省钱办法，算不上理财。它不但使家庭各项日常开支处处谨慎，而且还使家庭成员时时都处在一种压抑状态，面对支出时就表现得很被动，缺乏信心。

正确的理财方式不仅能够避免上述情况的出现，还可以使家庭生活轻松愉快，始终处于一种主动状态。那么什么是正确的理财方式呢？

正确的理财方式应该是理性、主动、轻松和计划。

首先，要建立合理的家庭消费结构，任何一个家庭的消费结构，大致都是由以下三方面构成的：

1. 生存消费

这是最基本的家庭消费。包括家庭生活所必需的饮食、衣物、住房，必不可少的日用品等。现代女性筹划家庭支出时，应把这方面的需要列为第一要务。

2. 发展消费

有生存则有发展。每一个家庭成员，都会有不断充实和完善自己的愿望，这个愿望只有在一定的经济基础上才能实现。如子女的教育费用，自己与丈夫"充电"的费用等。

3. 享受消费

在假日，全家去饭店聚餐和远游，为家人购买影剧票。这类支出虽非生存和发展所必需，但当你享受着其中的无限乐趣时，你会为自己给家庭创造的绚丽多彩的现代生活而自豪，并深感这笔开支是值得的。

可以看出，家庭消费具有一个由低级向高级升华的梯级层次。因此，现代女性在规划家庭经济时，应合理分配每一种消费在总支出中的比例，以取得收入、支出与家庭生活需要三方面的平衡。切忌顾此失彼，导致比例失调，使某一级的消费愿望成为泡影。

其次，要量身制定合理的家庭理财计划。制定开支计划，精打细算，统筹安排，是避免因一时冲动将钱轻易花掉的有效办法。一个科学有效的家庭开支计划，可按下列方法去规划：

1. 分列项目

即将家庭每月的收入总额和不同的支出需要条理化，列成项目。一个普通家庭的收支，大约可列以下项目：

(1) 收入。每月家庭进款总额。包括工资、奖金、存款提息以及一些临时增加的收入，如处理废旧物资，工资之外的其他劳动收入等。

(2) 支出。可先把它分成几大类，再在大类下列出细目，主要有：

①固定性支出。这类支出指那些每月必须花费且又相对稳定的消费需要。主要包括：饮食、住房、水电、燃料、交通等项目。

②季节性支出。这类支出并非每月都有，而是指某一季节或某一月份特殊需要的开销。如：开学时子女的学费、书本费、节假日亲友往来所需的交际费等。

③不固定性支出。指那些可能支出，也可能少支出或不支出的家庭消费项目。如：邮电费、医药费，以及看电影、外出旅游等娱乐性支出均属此类。

2. 拟出一个适合你的家庭的预算

根据上列项目的支出需要与以往的支出经验，列出完成各项内容所需的用款，就是编制预算。在编制预算时，务必本着量入为出的原则。如预算金额超过收入总额，就必须对某些项目的支出进行压缩，直至收支相抵，最好尚有节余。

3．记账

记账是家庭收支的晴雨表，它可以让你清楚地了解支出情形。因为我们必须知道超支的地方，否则改进就无从谈起。所以，必须在某一时期——至少3个月时间记录下所有的家庭开支。

在记账方面，每一笔花销都要列上账本，每月将花费整理成一张清单，每年再把每月的花费金额相加。这样，每年的生活费、水电费、燃气费、通信费、娱乐费分别是多少，你都能准确地掌握。不仅如此，你还能够通过这些记录，查出增加的费用花到何处去了。当你清楚花费的去处，就不用再记账了。但是如果怀疑自己在某方面的花费超支了，比如买衣服，只需查看一下记录就会知道真实情况。

4．将每年收入的10％储蓄起来

善于理财、对家庭需求有眼光的女性，一定会把储蓄看作家庭"聚财"的根本手段，从而把家庭生活管理好。

储蓄是维持现有生活水平的保证，也是提高生活水平的基础。

储蓄还可以有备无患，用以应付家庭生活的不时之需。

所以，家庭储蓄具有十分重要的作用。原则上应将每年总收入的10％储蓄起来。当然，收入越多，储蓄的比例应越大。

5．至少储蓄3～12个月的生活费

生活中不可能一帆风顺，总会有很多意外，如果在发生意外时，你没有足够的储备金的话，很有可能陷入财务"窘境"。所以，一定要学会未雨绸缪，在你家庭财政的安全篮子里放上一笔3～12月的生活费。

这笔资金的多少取决于它能否替代你现在的家庭收入，并能够供养你维持你过去的生活水平。当然，这也取决于夫妻对自身情况的透彻了解，比如，遇到突然失业的情况，你和你丈夫多久能找到一份合适的工作？如果你现在的年收入是6万元，而你认为自己会很轻松地在短期内找到工作，可能不需要3个月的收入储备，但如果现在工作形势不好，到人才市场上转了一圈发现自己一旦跳槽风险很大，你所储备的资金就要在5万元以上了。

6．把钱放在该放的地方

放上几万元的家庭储备金，当然不是简单地把这笔钱存到银行里。放到

银行里虽然是一个保险的办法，但活期存款利率太低，还要缴纳一定数额的利息税，加之物价上涨等这些影响，把钱放进银行，基本上就丧失了增值的可能性。你可以将 30% 的钱存进银行，为保险系数最大的保证金；40% 的钱用于购买国债等有偿证券；余下的钱，可以用于购买风险较大的股票等投资。家庭理财不提倡进行风险较大的期货等投资。

另外，家庭理财还可以委托银行代理，目前，各大银行都在积极筹办开展理财业务，可以通过购买银行投资基金来为自己的财富升值。

7. 为你和你的家人购买一份保险

如果说日常储备基金只能让你应对生活中的一些小意外，那么对于突如其来的一些大的意外，如车祸、火灾等，你必须有足够的心理准备，而应付这些的最经常措施就是保险。

保险应当包括意外险和定期寿险。

如果在你的家里，你丈夫是主要的经济收入来源，你当然需要为他买一份定期寿险。当然，不只是丈夫，你自己的定期寿险也应该有所准备，尤其是当你需要抚养其他人时。如果你已经结婚而且有孩子，你还要为你的孩子购买保险。

总之，家庭理财的一个重要的原则就是"鸡蛋不要放在一个篮子里"。

家庭理财其实主要具有三重功能：第一个功能是安全，即你当失业或者家庭失去主要生活来源时，它主要用来维持你及家人的生活需要；第二个功能为投资，即用来进行积累养老金的必要投资，你需要估计自己未来所需养老金的数目来得出目前投资所需要的投资收益率；最后一个功能是风险，说的是你有余钱时来进行风险较高的投资，从而获取额外的收益。

经过一个时期的理财之后，你就会惊喜地发现家庭账户上出现了一笔数目不小的资金。学会对资金的合理分配和使用方法，就会使整个家庭生活的质量和品质得到改善，并最终实现财务自由。

白领女性理财入门三部曲

白领女性有独立的工作、较高的收入，但对自身的理财能力大多不太注重。其实，只要掌握了投资理财入门的"三部曲"，定下理财目标，然后严格认真贯彻执行，就可以轻松地妥善计划好自己的未来。

第一步：进行自身财务状况诊断。

所谓财务诊断就是在为自己的理财计划订下目标之前，先确切地了解自身的财政状况。这样，才能够增加理财成功的概率。

所谓了解，就是要详细列明个人的资产，包括固定资产和浮动资产，然后再详细计算支出等，最后制定出一个你可达到的理财目标。所以，目标不能轻易制定，如果订得太远太高，只能增加个人的经济负担和压力。所以应该按个人的资产负债及损益情况制定一个合理的财政预算。

你可以通过制定损益表的方式来对自身财务进行诊断。

(1) 资产负债表。应把你的所有资产都计算在内，比如现金、定期存款、活期存款、支票存款、其他投资产品，以及一些固定的资产，如汽车、物业等。

(2) 列出所有负债。包括长期及短期负债，比如买房贷款、汽车贷款、分期付款，甚至是信用卡签账等。

(3) 计算净值。即将所有资产减去负债额，得出净值。

有了损益表，就能对自己的财政状况及投资能力一目了然。

第二步：制定合理的可实现理财目标。

获取财富是一个过程，在这个过程中，难免会有浮躁或者其他的负面情绪，而制定可实现的阶段性目标，可以让你摆脱这种烦恼。

一般来说，目标的制定通常会根据计划者的年龄而大致分短期、中期及长期3种。

理财目标应该是因人而异的，因为每个人都会有不同的需要和生活环境。因此，根据每个人的年龄以及不同的人生阶段，从而制定个性化的理财目标才是正确的方法。

第一阶段：通常指结婚成家之前。这个阶段的主要理财目标是为结婚成家准备一切，如房子、家具等。

第二阶段：指从成家到家里添了小宝贝。由于新生命的诞生，家庭生活发生了重大变化，父母的时间、精力及金钱很大部分是花在养育孩子身上，如产妇分娩住院、小孩子看病、购买各类玩具等，都会成为理财的重点目标。

第三阶段：指孩子从上幼儿园到上大学期间。这一阶段，为子女教育支付各种学习费用是理财的重点目标之一。随着孩子的逐渐长大，相应的抚养教育费用增加，这时家庭进入了一个重负担期。

第四阶段：指从子女大学毕业到父母退休前的约10～15年时间。这段时间，子女参加工作，经济上较独立，父母的收入处于巅峰阶段，这也是家庭积累财富的最好时期。这一阶段通常应该为退休后的生活积累财富。子女婚嫁成为父母理财的重要目标。

第五阶段：这一阶段，家庭收入虽减少但相对稳定，家庭开支项目减少，但由于双方可能因年老多病，医疗费用相应增加。这一阶段的理财目标是好好安排、运用过去累积的财富，过一个舒适的晚年。

总之，理财目标，可分为三种，即短期目标，指3年以内，为应付日常开销，购置大件物品、旅游等；中期目标，指3年到10年，为购买汽车或住房，积累钱财；长期目标，指为负担子女受教育、退休费用等而制定的目标。

第三步：根据不同阶段学会风险评估。

风险，同每个人的年龄都有着密切的关系。最理想的风险评估法是随着年龄的增长，把可承受的风险递减。因为风险和回报大致上是成正比的，故年轻人所能承受的风险较高，在计划投资时也可选择波动较大的投资产品，年纪越大的话，就应该选取一些相应比较保守的投资项目。

(1)22岁。由于刚跨出学校大门，正是人生目标很多、手上资金很少的时候。不过，正是在这个开始的阶段，面临着更多的赚钱或升职的机会，而且可以全权分配自己的财产，完全没有后顾之忧，因此可以在投资方面积极进取一点。

投资组合方式：在投资股票时，可以先积累几个月的资金，再行入市。入市后，可以考虑将不同时间的资金投资在不同的市场上。比如，可以将40%的资金投向那些业绩相对稳定的股票，取其相对稳健的优点；30%的资金投向一些新的上市公司，取其有更大的升值空间的特点；30%投向中小企业。在做以上选择时，还应该考虑其股票的行业结构，如相对来说业绩稳定的传统工业企业，发展潜力巨大的高科技企业，风险和回报率大的服务行业等，但要注意各行业之间的投资比例的平衡。

(2)30岁。女性步入30岁后，大多已结婚成家，考虑生育，所以投资趋向应该较20多岁时保守些。由于现在手上的资金更多一些，可以有更多的选择，比如可以买债券、保险、各种基金等。主导策略是有稳定回报和多元化投资，以降低投资的风险系数。如果已经成家，要考虑子女的教育费用等，可以考虑更多的储蓄计划。如果没有成家或没有养育子女的计划，则可以选择相对进取一点的投资计划。

其实每一个投资方式都可以随着个人目标不同而有不同的组合变化，更可以根据自己的偏爱和选择方式做决定。比如想给子女留有较宽裕的教育经费时，可以选择那些临时可以兑现或脱手也不会引起损失的投资等。

(3)40岁。40多岁的女性正处于事业的顶峰阶段，上升的机会对大多数这个年龄段的人来说是很少的了，每个人发展的潜力基本上都体现出来了。在生活方面，要照顾老人，还要负担子女上学的费用，因此，这时候的投资，应该以保守为指导思想。减少风险投资在很大程度上就是减少股票投资，在投资组合中加大债券的比例。

总之，投资理财应该按照每一个人的具体情况来安排各自的投资计划，最重要的是要建立起经营理财的习惯和观念，尽早开始自己的人生经济规划。

揭示女性理财的 10 个盲点

女性对于金钱有自己清醒的认识，只要觉得物有所值，一掷千金她们也毫不惋惜；觉得没有道理的花费，即使是一分钱她们也不愿意付出，也就是老人们常说的那句话："一分钱要省，一万块要花。"她们有独立意识，更是丈夫的财神，家庭的"财政部长"。尽管如此，女性在投资理财上仍然有一些盲点：

1. 对自己没有信心

多数女性对数字以及宏观经济分析没有兴趣，而且不认为自己有能力可以做好，态度保守，总认为投资理财是一件很难的事，非自己能力所及。

所以，一般女性最常使用的投资的方式是储蓄存款和定期存款，另外还有保险。

这样的投资方式可看出女性追求资金的"安全感"，但是却忽略了"通货膨胀"这个无形杀手，可能将定存的利息吃掉，长期下来可能连定存本金都保不住。

因此，女人更要相信自己的投资能力，努力去掌握投资的方法和技巧。不要凡事都依赖丈夫，认为养家糊口是男人天经地义的事情，但长此以往，必然会受制于人。女性在家里的"半边天"地位也就会发生动摇。所以，作为现代女性，应当依靠为自己充电、掌握理财和生存技能等方式，自尊自强，在立业持家上展现"巾帼不让须眉"的现代女性风采。

2. 缺乏专业理财知识

投资理财要看统计数字、总体及个体经济分析，甚至政治等因素对理财投资都会产生影响，然后做综合的研判。这些对一般非专业出身的女性或根本很少接触这类知识的女性来说，确实有一定难度。但事实上，要取得投资理财方面的成功并不需要太专业的深奥的经济学知识，如果现在你投入心力积累理财知识，这会帮你建立稳健的财务结构，进而累积你的财富。

3. 没有时间

职业女性在上班时是个称职的公司员工，下班后是个全能的妻子、妈妈和管家，这些事做完已经有些体力透支，自然无暇研究需要聚精会神做功课的投资理财计划。

4. 害怕有去无回

很多女性认为投资应该等于赚钱，无法忍受在投资的过程中有赔的可能性。所以在投资时总是不敢出手，错失良机。

5. 环境使然

很多女性从小根深蒂固的观念就是把钱放在银行，认为那里安全，已经习惯成自然。

6. 害怕钱不在手边的感觉

守成心态让很多女性害怕手上没有钱的感觉，现金要多才有安全感，随时摸得到、拿得到，所以把钱放出去投资，导致户头空空、手上空空，心中就不踏实。

7. 耳根软

一些女性在投资时非常没有自信，又对复杂的研究避之唯恐不及，所以投资时显得没有主见，常常跟随亲朋好友进行相同的投资或理财活动，采取了不适当的理财模式，反而造成财务危机。

8．跨不出第一步

很多女性都想投资做生意、买股票、买基金，也都明白投资理财的好处，但就是只有心动没有行动。

9．懒得花心思

这是大多数人的通病，今天懒得动，明天懒得想，一天推一天，时间就这样消耗掉了。

10．优柔寡断

患得患失让本来就信心不足的女性更加裹足不前，买了怀疑是否买得对，卖了又怕卖错了，女性投资有时就缺了些豪气。

经商——女人比男人更胜一筹

在经商方面，如果不是由于女性承担着过多的家务劳动的话，女人比男人有着更多的优势，主要表现在 8 个方面：

(1) 女性在语言表达能力和词汇积累方面比男性强，一般情况下女性都比男性口齿伶俐、能言善辩，而这正是生意人必备的条件之一。

(2) 女性在听觉、色彩、声音等方面的敏感度比男性高很多，在竞争激烈、信息变幻莫测的生意场上，这也是成功者的良好素质之一。

(3) 有句话说："生意是一种高水平的数字游戏。"而女性的记忆力尤其是短期记忆力方面远远强于男性，在精打细算方面也比男性技高一筹，这同样为女性经商成功奠定了基础。

(4) 在意志力方面，女性比男性更富于坚持性。比如在同样情况下对同一件事情，女性很难改变自己的观点，男性则恰恰相反，很容易放弃自己原先的想法。这一点使女性更接近于现代企业家的良好素质要求。

(5) 女性的发散性思维能力优于男性，她们对某件事进行分析判断时，常常会设想出多种结果。而男性则习惯于沿袭一种思路想下去。而发散思维能力，恰恰是新产品开发、企业形象设计等方面所需要的。

(6) 女人的直觉比男人准确。女人似乎有一种先天赋予的特性，她们对某些事、某个人常常不用逻辑推理，单凭直觉就能准确看透，而男性在这方面则望尘莫及，这就为女性在生意场中及时捕捉机遇提供了有利条件。

(7) 女性比男性有更大的忍耐性。同样情况下，对同一件事，女性往往更有耐心，而男性则常常急不可待，而生意人没有耐心是很难做好生意的。

(8) 女性在操作能力和协调能力等方面也都比男性强。在目前科技高度发达的信息时代，越来越多的行业都在使用易于操作的电子化设备，因此，女性凭借比男性更好的操作和协调能力在寻找工作方面日益显示出比男性更大的优势。所以有人说："工业化时代劳动者的典型形象是男性，在信息化时代工作者的典型形象应当是女性。"随着时代的发展，科技的进步，这句话的真实性将得到更好的证明。

精明女人的投资策略

许多女性一想到把日常剩余的钱拿去做投资，就不知如何是好。大多数的家庭主妇因为必须常常为家庭预算而精打细算，所以非常了解金钱的价值和在生活中的重要性。由于男人在商业上的行为，使女性误以为投资理财是很复杂的事。其实，赚钱说简单也很简单，并不比别的事复杂。只要在决定投资事宜之前，先弄清楚相关的事实与选择，咨询经验丰富的会计师或财务专家，或与其他有投资经验的人讨论自己的财务规划，然后再做决定，一定会有比较理想的回报。此外，阅读书报上的财务资讯对投资也有很大帮助。

投资策略的选择主要受以下几个方面的影响：

■ 首先考虑自己的经济实力

俗话说："量体裁衣，看菜吃饭。"家庭的经济实力，决定了个人投资方式的选择。

如日常结余较少的低收入家庭，宜采取储蓄或购买保险的方式进行投资；日常结余较多的中等收入家庭，可以采取以定期存款和债券为主，适当投资股票和期货为辅的投资组合方式；某些高收入家庭，可适当涉入投资收藏等领域。

■ 丰富自己的投资知识

投资是一门学问，需要一定的专业知识，尤其是当今投资渠道和方式越来越多，只有真正的行家里手才能出奇制胜。投资若想盈多亏少，投资者必须在专业知识上尽可能地丰富自己，积累投资"资本"。同时，职业特征对个人投资方式的选择也有一定的决定作用。有的投资项目需花费较多时间和精力，这对某些从事日常工作繁忙的职业的人员来说就不适合，因为这会影响自己的工作。

所以，投资还要考虑自身的知识面和职业特征，不要盲目随大流、赶时髦。

■ 投资环境的影响

不同金融资产对客观环境的要求是不同的。比如股票、期货增值虽然比存款高，但对地理通信条件的要求相对也较高。再如国家债券，由于一些地方还没有形成流通转让市场，期货转让就很难取得较高的收益率。所以，客观环境和条件对投资方式的影响也至关重要。

女性投资意图的不同，直接影响着投资方式的选择。一般来说，低收入家庭以保全资产为目标，注意资产的安全性。但如果将投资收益作为家庭的一项重要收入来源的话，那就把资产的增值性放在首要位置，同时兼顾安全性，可以选择高风险、高收益的期货等作为主要投资方式。

■ 家庭投资的一般策略

敢于投资是金融意识增强的一种表现，而善于投资如何使资产既保值又增值，则是家庭投资理财的关键。

在目前人们金融知识普遍缺乏的情况下，不妨将手中的资金进行多元性分散投资，这样较为稳妥，将1/3的资金储蓄，1/3用于投资实业，1/3用于购买债券、股票等，这对于普通家庭来说是不错的投资组合。

现代家庭常用的投资方式：

1. 买房

买一套属于自己的房子，拥有自己的资产能使你感到安全、稳定。买房子是一种投资，房地产市场正处于上扬阶段，投资收益是非常可观的。事前做好市场调查是必要的，然而价钱不要超过自己所能负担的范围。如果你把自己的需求拿给几家中介公司，你就可以找到合适而又付得起的房子。

买房时可以利用有效率的贷款、二次贷款等方式，来创造一种长期的投资。只要你拥有自己的家，就可以运用这种贷款方式创造财富。

2.抵押

设定抵押应该多比较，要选择那些能迅速偿还贷款的项目。如果你能自由偿还本金，则可省下很多利息。多找几家银行比较他们的抵押方式与利率。

3.创业

你可以开创自己的事业作为后盾，而且也能创造周转金。当你决定做什么之后，就要制订计划，并拿给财务顾问与银行经理过目。投入资金之前务必先做市场调查，且必须确认你的计划是可行的。

4.储蓄策略

永远储存一笔钱作为急用经费。不管你赚多少，永远存一点起来。最好是存下你收入的10%，先把该存的存起来，然后再付账单。储蓄以定存为宜，利息收入再投入储蓄本金。你可以利用一点一滴累积的储蓄，作为紧急之用或用于特殊场合。

下面向你介绍一些省钱的小技巧：

(1)一星期上一次超市。把需要购买的日常用品列成购物清单，按单购买，遇缺才补。

(2)尽可能别带小孩逛街购物。

(3)谨守日常用品存货表，勿胡乱添购。

(4)设法在同一时间、地点购买新鲜水果、蔬菜、肉与杂货，这样与老板熟识了，可以有一些折扣，至少不会缺斤短两。

(5)购买一些你喜欢的折扣品，当礼物备用。

(6)购买比较贵重的物品，如电视、冰箱等家电时，要注意比质比价，争取以最合理的价格买到质量最优的物品。

女人趣味财商自测

根据自身的实际情况，逐步回答下列问题。

1. 认为自己：

   A. 喜欢为别人奉献（到 2）

   B. 喜欢让别人为你奉献（到 3）

2. 认为十年后还会努力工作：

   A. 是（到 5）

   B. 不是（到 4）

3. 认为如果是有意义的工作，即使要你牺牲私人时间也无所谓：

   A. YES（到 6）

   B. NO（到 5）

4. 认为购物比任何事都有趣：

   A. YES（到 7）

   B. NO（到 8）

5. 如果一个人住，没有钱的时候会：

   A. 先回老家（到 8）

   B. 不分日夜的工作（到 9）

6. 如果可以得到一笔巨款，你想要：

   A. 一次领到一千万（到 9）

   B. 每个月领 15 万，一共领 10 年（到 10）

7. 和男生交往大多是：

   A. 自己主动喜欢上他（到 15）

   B. 对方喜欢上自己（到 11）

8. 你要求交往对象的必备条件是：

   A. 男子气概（到 11）

   B. 温柔体贴（到 12）

9. 你是属于会在日常生活中寻求刺激的人：

   A. 是（到 13）

   B. 不是（到 14）

10. 小学高年级时的成绩是：

    A. 好（到20）

    B. 差（到14）

11. 想要住的是：

    A. 市中心的豪华大楼（到16）

    B. 郊外的别墅（到15）

12. 在结婚对象的条件中，长相是不可缺的：

    A. YES（到18）

    B. NO（到16）

13. 喜欢家务工作：

    A. 是（到19）

    B. 不是（到18）

14. 休假日大多在家里：

    A. 是（到20）

    B. 不是（到19）

15. 认为结了婚后，应该男主外女主内：

    是（到A型）

    不是（到B型）

16. 即使交往对象是因为工作关系和其他女性单独吃饭也不能接受：

    是（到B型）

    不是（到A型）

17. 对于弱者想要伸出援手：

    是（C型）

    不是（B型）

18. 听到大拍卖就会失去理性：

    是（D型）

    不是（E型）

19. 是属于不太相信他人的人：

    是（F型）

    不是（E型）

20. 你经常会思考关于自己年老以后的事：

　　是（F型）

　　不是（E型）

解　析：

A型：梦想嫁个有钱人。

你是感情非常深厚的人，那种感情不管对于异性或是对物质上其实都是均等的。因此你自然会喜爱有钱人或可能会变得有钱的人，然后和他谈婚论嫁。但有时候可能会看走眼哦。

B型：财富度维持现状。

你认为将来结婚，会以速配度或感情来选择对象，不过本身独立优秀的你，自然不会喜欢标准以下的男性。所以你的结婚很容易成功，虽然不会因结婚而变穷，但也不会变成有钱人。

C型：未来的前途堪忧。

你认为给了婚会变穷，那不是因为你的能力有问题，而是你的个性就是会和现在穷困、未来穷困的男性结婚，不过如果努力工作或许能脱离贫穷，但前途仍旧还是会多灾多难。

D型：难了解金钱的价值。

你已经觉察到，要是想法不改变，结婚与否并不会改变人的命运。不了解金钱的价值，不管怎样都不会有太大变化。

E型：善于打理的小富婆。

结婚与否对你不会有太大影响，因为你具有对金钱与物质处理的能力。

F型：信心十足，财运降临。

你认为成为有钱人要靠自己努力，你能度过一个多姿多彩的人生。只要你能力够，一切尽在你的掌握中，这种人的未来可以说是一片光明。

第十一章
女人的婚姻资本
——如鱼得水，享受人生

女人要会爱

作为一个女人，应该懂得一个和睦家庭的可贵，懂得一个温馨的家对于女人幸福的意义。但是，一个完整的家，永远也不可能离开男人。记得有一句话是这样说的："对男人多一分了解，对女人来说，也就多一分保障。"这句话虽然说得有些片面，但也不无道理。然而，女人是否能真正地了解一个男人的内心世界呢？

在生活中，男人扮演着领导、下属、丈夫、父亲、儿子等不同的角色，肩负着各种艰巨的使命，这就要求他们在履行对家庭、妻子、子女、环境等责任时必须拼搏，全力以赴。如果不履行这些责任，男人必将受到社会各方的谴责，因此，要做一个好男人，其实是很累的，也不是很容易就能做到的事。

做一个会爱的女人，就要学会爱自己的男人，这是一个聪明女人创造自身幸福和欢乐家庭的开始。

那么，女人要如何爱男人呢？学会下面 10 件事，你就会成为一个会爱的女人。

(1) 爱人就是爱人，只要去爱，不要拿来比较，不要在丈夫面前总说别人的丈夫如何如何好，别数落他没出息，你是他最亲密的人，爱他一定要尊重他，对大多数男人来说，赞赏和鼓励比辱骂更能让他有奋斗的力量。因此，即使是在吵架时也不可以出口伤人，言语的伤口有时一生都是流血的。身体的伤害很容易治愈，精神的伤害后果是可怕的。

(2) 聪明的女人不要整天追问对方爱不爱你。只要用心去体会就品味出来了。爱是做出来的，不是说出来的。挂在口头上不落到实际的爱太苍白无力，婚姻生活是现实的，风花雪月的恋爱不是真实的生活。婚姻是从柴米油盐中感受爱的。

(3) 不要总摆脸色给对方看，女人在生气的时候是很丑陋的。人无完人，对方性格上会有缺点，生活细节会与你不同，令你不满意，但他工作上已有很多压力，在你面前，他需要放下面具，做回自己，做个普通人。宽容是做人和对待婚姻应有的态度。

(4) 给足男人面子。男人对自己的面子看得比什么都重要，不管在私下他有多么宠爱你，多么怕你。在人前你一定要给足对方面子，让他做天不怕地不怕、老婆更不怕的他口中的顶天立地的男子汉，男人不喜欢朋友们开玩笑取笑他怕老婆，除非他有足够的强大后盾和高高在上的身份，可是，大部分人都是普通人。给足他面子，他就会更加宠爱你。

(5) 男人大多喜欢吹牛，千万别戳破他的这个小把戏，因为这样做可以让他们得到一点力量，找到一点自信，好继续人生征程下面的拼搏。虚拟的成就感能让他心情明朗起来，没人喜欢自己一无是处。和妻子在一起，在床上是身体的放纵，谈话是心灵的放纵，只要爱人得到快乐，轻松一点附和他一下不是很好吗？

(6) 男人骨子里全都喜欢美女，看到美女会目不转睛或回头行注目礼，你别认为他不爱你，也别认为他好色，爱看美女是男人的本能，与品格无关。何况，爱美之心人皆有之，他看美女和你偷看帅哥是一回事。

(7) 不要让虚荣和功利迷住眼睛，物质的追求是无止境的，你的人生不是活给别人看的，鞋子合不合脚只有自个知道，舒服最重要，千金易得，有情郎难寻。金钱有价，真爱无价。

(8) 男人为何喜欢温柔的女人，因为他们虽然外表坚强，但内心却很脆弱，他们需要妻子的柔情似水，轻怜蜜爱。只要你有优雅的外表和气质，有含情脉脉的眼神，以柔克刚就是轻而易举的事。温瑞安有本书叫《温柔一刀》，温柔，是可以杀死一个男人的，对于男人，温柔是致命的诱惑。

(9) 家庭和事业同等重要，女人要追求独立必须要对工作负责，要有职业道德，要从工作中得到乐趣，但不要做工作的奴隶，不能为了工作而忽略家庭，毕竟你努力工作是为了更快乐地和家人在一起，享受生活。

(10) 爱他的父母。爱人的父母就是自己的父母，爱屋及乌，老吾老以及人之老，只要内心深处真正感到这就是我自己的父母，心理上对老人依恋亲密，老人会感受到你的这份真心的。何况，人老了很像孩子，只要像哄孩子般哄老人开心就好了。对他的父母好，他会对你更好。

一个女人如能时时关怀她所爱的男人，那他在远离你及家人单独工作、生活时也会让人放心和可以信赖；一个女人如果善于关怀男人，也就会带动他去关怀、理解他身边的人；一个会爱男人的女人，也一定是个有信心和有魅力的人。

留点秘密给你自己

一个女人在订婚前夕，坦诚告诉未婚夫往昔的情感经历，结果换来的是一场无疾而终的婚姻；一对原本恩爱的夫妻，只因妻子无意间邂逅了初恋男友，被丈夫知道后，从此，怀疑与不信任瓦解了浓情蜜意，生活充满吵闹与纷争。

到底夫妻或恋人之间该不该坦诚，能不能有所保留？相信 80% 以上的人认为不该把自己的过去一无保留地全盘托出，这不禁令人感慨，是人本多疑，使得人与人之间的信任感脆弱得不堪一击？还是在自我的前提下，让每个人学会了保留？

其实，每个人都有自己不同的人生经历与境遇，所交往和接触的人也都不一样，因此，每个人都会有自己的隐私（已婚人士的外遇除外），恋人、夫妻也不例外。留点秘密给自己会让你的生活中少一分猜疑，多一点快乐。当然，留点秘密给自己并非有意欺骗，也绝不是故意让人背离坦率、忠诚的原则，只是要你说话前多思考，以免祸从口出，或破坏了一段不可多得的爱情或友谊。这也体现了人与人之间的一种相处艺术，掌握好分寸，你就会拥有更好的人缘。

当然，这绝不是鼓励在夫妻、情侣之间存在"欺骗"行为，任其成为彼此关系的绊脚石，但当某些话或事必须保留才不会影响到彼此的感情和生活时，不妨留点秘密给自己。然而，所谓的"保留"应是出于善意的原则，而非故意做出了伤害彼此关系的行为，否则，便是欺骗而非保留了。

不少痴情女子因为爱对方而对对方的过去特别感兴趣，她们总会挖空心思盘问对方的秘密。有人还会去刻意调查对方过去的艳史，甚至还会发动很多人为自己收集爱人的"劣迹"。这些傻女人总把好端端的爱情关系弄得复杂和紧张，结果多是不欢而散。

女人也许能原谅男人的过去，但很少有男人能原谅女人的过去。

因为男人最想也最怕听到别人议论自己女友或妻子的过去，有时候即使被说的女人不是自己的女友或妻子，男人也会联想。男人总会莫名其妙地担心自己所爱的女人，是否也会因为其过去的事而被人议论。

这就是男人脆弱的一面，男人只要知道女方过去的一点艳事，就会受到严峻的心理考验，只要他承受不了她的过去就会分手。有些野蛮的男人还会打女人，尽管那女人的过去与他毫无关系，家庭暴力就此产生。男人这样做是胆怯、自卑和狭隘的表现，这种男人不值得女人去爱。

因此，女人应该清醒地把握你的男人的心理承受能力，同时应该勇敢地站起来捍卫自己的隐私权。

女人有权对自己的过去保持沉默，特别是自己不堪回首的过去，应该淡忘它，甚至将它完全忘掉。这不仅是你处世的技巧，更是你做人的权利！

女人如果不作选择地将自己的经历坦白给所爱的男人，那这就是一种对自己、对爱情、对家人、对社会都极不负责任的做法。

这样做不仅不是"坦率"和"忠诚"，而完全是一种对健康情感关系的破坏。除了会令男人心理变异之外，对自己的信心也会产生严重伤害。因此，女人轻易透露自己过去的情史，这种做法不是愚蠢也是糊涂的。

事实上，女人的过去与她的现在是无关的。女人不必为自己的过去承担责任，也不必在心理上有任何负疚。

一个女人如果能对自己的过去有正确的认识，同时又能驾驭过去形成的惯性，这样的女人才是真正成熟的女人。

一个聪明女人具有非凡的创造力，她会用全新的生活去覆盖自己的过去。

成熟是女人生命的十字路口。女人会从这个十字路口走向老练和透彻。老练的女人很难讨人喜欢，因为她们太世故而令人惧怕，容易让人想起她复杂的过去。透彻的女人行为简单，让人感到亲切，且具有强烈的亲和力，容易让人幻想与她一起的美好未来。

留点秘密给自己，女人就多了一分魅力，而要想使自己的魅力保持得更长久，适当地保留一些秘密更是必需的，同时，这也是一种生活的艺术。

只有完全成熟的女人，才有真正的秘密；不太成熟的女人，只有暂时的秘密；不成熟的女人，则根本没有秘密。

与男人相处的艺术

作为女人，在生活中不可避免地会接触到各种各样的男性，如：父亲、兄弟、丈夫、同学、同事等。那么，如何与男人相处便是每个女人必须面对的问题。

男人到底喜欢跟什么样的女人相处？很简单：有舒适感的女人！那究竟什么样的女人才能给男人以舒适感呢？男人心目中的舒适感有什么标准呢？总结起来，主要有以下几点：

1．随和体贴，善解人意

陶乐斯·狄克斯曾说，男人挑选妻子的首要条件是：要有好性情。任何想要与女人愉快相处的人，不管是她丈夫、老板、同事或是 3 个月的孩子的母亲，都应该更多地关心她表现出来的温柔性情而不是她的过失。要知道：男人们宁可在轻松欢快的气氛中吃方便面，也不愿跟一个哭丧着脸、不断地抱怨唠叨的女人享受美味的大餐。

有一个单身汉曾经坦白地承认，如果让他在一个出身贫寒但快乐、性情温和的女人和一个出身富有的泼妇之间做出选择，他会毫不犹豫地选择前者！

2．增强适应力

一般情况下，女人几乎不会因为一时兴起而去做什么事情。因此，男人们永远也不会了解，为什么女人去看场电影也要在几周前就预先计划好；而当他临时决定打算到郊区度假时，妻子却经常会以她没有合适的衣服穿等借口加以拒绝。

就算男人突如其来的想法会让有条不紊的女人感到厌烦，但是对女人来说，偶尔尝试一下新鲜的做法也并没有什么损失，有时，反而能增进彼此的理解和快乐。顺应一个男人的心情，是赢得他的心的一个万无一失的法宝！

一个男人想到一个主意时，他喜欢马上将它付诸行动！而女人往往无法及时适应这种冲动，这种情况常常令男人感动十分气恼。很早就拥有这种适应男人情绪变化能力的女人，已经在洞悉如何与男人相处的问题上抢占了先机。

3. 做他出色的聆听者

女人的话太多！这几乎是所有男性的共识，原因是他们认为自己在女人面前往往难有说话的机会。

其实，聆听别人说话并不只是默不作声或是滔滔不绝的回应！要想做一个出色的聆听者，并不是一件简单的事，必须注意聆听的"积极性"，听人说话也要讲究"品质"，只有这样，才能真正做到游刃有余。

(1) 注意力集中是聆听别人谈话时首先要注意的。此时，最忌讳眼神的飘忽不定，当然，也不必紧张地手心出汗，拘谨地不知所措。千万不要让心思任意漂游，天马行空地胡思乱想。倾听时表情要自然、放松，并随着听到的内容发生变化。没有什么比一个面无表情的聆听者更让说话的人感到扫兴的了。

(2) 出色的聆听者意味着心神集中和积极的配合。如果你想要赢得一个男人的心或者对他施加影响时，千万不要在他需要一个聪慧、机灵的聆听者时拿出装傻、扮天真的本领表现出十分欣赏、崇拜他的那一套把戏。

(3) 在聆听时可以把握发问时机，偶尔提出不同的看法。如果你个人非常赞同他的说法，可适时地在他谈话停顿的时候提出来，但不要滔滔不绝。要注意让他掌握谈话的主导权，这样，就不至于造成单调的独白，双方的思想也能得到很好的沟通。

学会正确聆听别人的讲话，不但能让你与男人相处得更融洽，也能让你和其他人相处得更好。

4. 要能干，但不要表现得太能干

因为，如今的男人已经被完全惯坏了，鱼和熊掌都想兼得，既要求女人

拥有足够的魅力，同时又要有做事的头脑，必要的时候还得拿出自己的收入来支持他的家庭或事业。也就是说，当一个中意的男人出现时，女人既要做一个成功、独立的女性，又必须牢记自己还是个女人。

其实，做到男人心目中理想的女性形象也并不是非常困难。聪明的女人在上班时会尽量表现出自己就是老板不可或缺的得力助手；下班以后就不再以同样的面貌出现，而是做他温柔可爱的女人，这样他就会对你呵护有加，不离不弃。

5. 做真实的自己

一位一向文静内向的女孩突发奇想地做出一些怪异的举止，比如在公共场合放声大笑，很显然，她觉得这样做能使自己成为现场众人注目的焦点。不过，男人并没有你想象的那么愚笨，他们懂得判断，也知道如何辨别真伪。

做真实的自己，这才是成熟女性唯一正确的选择！

令人不解的是，很多平时非常聪明的女人在这方面也会犯糊涂。她们认为仅仅改变自己的装扮风格就能让男人迷惑，让他们不清楚自己到底娶了一个什么样的女人。这种想法既不成熟也不明智。要知道，江山易改，本性难移，任何人都改变不了自己的性格，还不如老老实实的承认它，更何况这些性格并没有什么不好。女人完全可以发扬自己的优点，改掉缺陷，这样就一定能展现最佳的风采，表现出一个最佳的自我。

6. 给丈夫一点面子

聪明的女人要懂得在什么场合、什么时候给丈夫一点面子，把握这种分寸可以说是一种艺术。具体说来，主要有三点要注意：

(1) 在家里待客时，妻子要注意约束自己的言行，避免使用命令的口吻对丈夫说话，或有损于丈夫威信的事情。也就是说，要坚持内外有别的原则，不能把夫妻两个人关系的特殊现象拿到他人的面前来，以避免损害丈夫的自尊心。

(2) 在社交场合，妻子更要注意自己的身份，不宜喧宾夺主，还要把握自己的言行，甘当绿叶，要让丈夫更体面、更洒脱一些，防止把在家里习惯性的做法拿到场面上来叫丈夫出丑。

(3) 与别人说话时，妻子不要"臭"自己的丈夫，揭他们的短，把他们搞得狼狈不堪。妻子给丈夫一点面子，不论对于丈夫的交际形象和他们的工作，还是对于家庭的和睦，都是有益的。

7. 必要时说些善意的谎言

为了处理好和男人的关系，有一些谎言女人不得不讲。当生活中的摩擦不可避免，聪明的女人要明白：有一些善意的谎言可以减少矛盾的伤害，甚至拉近你们的距离。如果你能够适时说出下面的谎言，你就能在两性关系中对男人更有吸引力，对方一定会因为你善解人意而对你厚爱有加的：

(1) 告诉男人："我不会让你有任何改变。"如果你爱他，就告诉他，你欣赏他的一切，他的缺点就是他的特点。你爱的就是他，他不必为了和你成亲而需要改变。

(2) 告诉男人："我喜欢你的朋友们。"对他的那些酒肉朋友，你心里再怎么不喜欢，也千万别说出来，因为他们对他很重要，说出来就伤了他的面子，也伤了他的感情。

(3) 告诉男人："我喜欢你的家人。"即使他的家人不喜欢你，你也要真诚地告诉他，你喜欢和他家人共度的时光。如果你说出不喜欢，这可能伤害他的感情。对他的家人要友爱，落实到行动上就是：少见面，多送礼。告诉他你爱他家里的人，千万要避免你们因家人发生冲突。

(4) 告诉男人："你是对的。"不要和他在一些无伤大雅的问题上大费口舌。提高音量和他针锋相对是欠明智的，你需要给男人一点儿面子，哄哄他："你是对的，说得蛮有道理的。"男人一定会因为感激你的善解人意而善待你的。

(5) 告诉男人："我不介意你看别的女人。"当他在街上盯着别的漂亮女人看时，你完全不必当众翻脸给他难堪，最好的办法是说一句言不由衷的谎言："我不介意你看别的女人。"再找机会暗示他"己所不欲，勿施于人"。如果他还不收敛，你就做出夸张的姿态，观望过往的帅哥，他必会乖乖收回目光。

用"心"去经营你的婚姻

婚姻就像百合花，百年好合的愿望在一夜之间盛开，纯洁而耀眼，生命的荒原因此生动而丰富。然而，许多婚姻中的女人却感到奇怪，为何自己勤俭持家，相夫教子，却始终不能得到丈夫的欢心？

原因就是男人和女人对"贤妻良母"的定义各有不同。对男人而言，"好妻子"当然必须留在家中，全心全意料理家务。但"最好的妻子"却是除能做到这点外，还不干涉他们的业务生活，让他们下班后拥有自由自在的天地。

女人不明白男人的这种心理，反而认为自己是好妻子而严加管束丈夫的一举一动，随之惹起对方反感。结果，在丈夫眼中，"贤妻"变成了"恶妻"，半点不领情。丈夫有时也会遇到同样的问题。

其实，在婚姻中，细节决定成败。由于人的情感复杂而微妙，某些细节在夫妻情感的交流中也起着重要作用，有时甚至会变成决定作用，导致婚姻的成败。那么，夫妻双方要营造和维护美满的婚姻关系，就要注意以下生活中的细节：

1. 尊重对方

人都是爱面子的，当着别人的面批评爱人，最容易挫伤对方的自尊心，影响夫妻感情。所以，要学会尊重对方，尊重他的思想和感情，越是人多的时候，越要恭维他，以博得对方的欢心。只有夫妻俩在一起时，你再向他提些意见，甚至可以进行严肃的批评，对方都会在愉快接受之余，感受到你煞费苦心中体现出的浓浓爱意，从而以加倍的爱来回报你。

2. 必要的信任

你如果不信任你的丈夫，就好像是在沙上筑塔，别想会建立起亲密无间的夫妻关系。缺乏信任是通往亲密之路的最大阻碍，每个人的成长经验都会影响到信任能力的养成，幸福的婚姻是建立在互相信任的基础上的。

3. 适当的依赖

如果你在精神上、物质上完全依赖别人，让对方扮演供应者的角色，那么你的自尊便会被人拿走，你会更缺乏安全感，并产生寂寞感，恐惧感也会日渐加深。因此真正的亲密关系是一种微妙的平衡互动关系。对爱人适当的依赖才会使你的吸引力更持久。

4. 学会取悦爱人

有些女人，婚前与爱人约会时，总要想方设法取悦对方，但结婚以后便不再在意对方对自己的感受。这种做法会减小自己对他的吸引力，进而损伤夫妻感情。所以，婚后，女人应细心体会丈夫的内心感受，不但要处处体贴照顾丈夫，而且还要学习一些取悦丈夫的技艺，如学几个拿手好菜，为他新买的西装配条出色的领带，不时来点幽默等。

5. 创造意外惊喜

出乎意料地给爱人一点惊喜，常会起到感情"兴奋剂"的作用。因此，不时地创造一点意外惊喜，对于增进夫妻双方的感情很有好处。如瞒着对方，为他买一样他很想得到的物品，创造一个他没有准备但却非常喜欢的活动等，都可使意外惊喜油然而生，从而在惊喜中迸发出强烈的感情之花。

6. 适当来点小别

俗话说："小别胜新婚。"在过了一段平静的夫妻生活后，有意识地离开对方一段时间，故意培养双方对爱人的思念，再欢快地相聚。这时，就能使夫妻俩思念的感情热浪交织成愉悦的重逢狂欢，把平静的夫妻感情推向一个新的高峰。

7. 注意自身形象

有些女人，婚后对衣着、容颜等不再讲究，其实，无论夫妻哪一方，都不希望对方在别人的心目中留下不好的印象。因此，女人在婚后注意自身形象，不但可以取悦丈夫，而且也可以在公众场合下为对方争得面子。否则，就有可能影响双方的感情。

8. 不要对爱情期望过高

如果你认为爱情能医治你心灵上的创伤，因此把这一过分的希望强加在你的爱人身上时，你得到的只能是不断的失望以及他对你的反感。这些不切实际的希望所产生的效果总是适得其反的，它们不会使你得到身心上的放松。此外，婚姻关系使你对自己持有自我欣赏的良好心态，但是，这种良好的感觉必须建立在正确的自我价值之上。否则，这种感觉就不能化为内心的力量，而只能依靠表面现象维系和爱人良好的关系。一旦爱人离你而去，你就会感到异常孤独，束手无策，这会损害你健康的自我形象。因此，女人应该有足够的勇气和力量，用积极的目光看待自我价值。女人必须学会首先爱自己，然后再去爱别人，才能得到别人真心的爱。

9. 彼此保留一份自我空间

当代女性十分注重保持在家庭婚姻中的独立意识和独立人格。而在婚姻家庭领域保留一份自我空间，又是女性保持独立性的首要条件。

女性保留一份感情空间，用来爱自己。她们心中的隐秘不愿对爱人说，也是封闭这部分感情的权利。行动也是有一定空间的，业余时间不单单同恋人家人在一起，还要参加各种社交活动。

当然，给丈夫保留一份自我空间也是非常必要的。而在日常生活中常常会出现这种情况：妻子总希望丈夫能守在自己的身边，而丈夫并不愿意，虽然妻子给丈夫做了可口的饭菜，给丈夫许多温存和女性的美感，丈夫仍感觉不到快乐，相反，他们会感到空虚、无聊，妻子"粘"得越紧，丈夫的这种感受就越强烈。

因此，在婚姻生活中，除非夫妇能够相互尊重对方的嗜好，并给对方一个空间，否则，没有一对婚姻是能够幸福和美满的。

10. 慎交异性朋友

夫妻婚后有自己的社交活动，这是很正常的。但是，与异性朋友交往时要慎重，要留有分寸，让彼此的关系只控制在普通朋友的关系之内。对那些明显对自己有好感甚至对自己不怀好心的异性朋友，要主动疏远，以理智来处理感情纠葛。特别是在遇有"第三者"插足的危险时，更应这样做，以杜绝其非分之想。

11. 把承诺进行到底

婚姻不仅仅是一纸法律上的合约，它还包含了身体、情感上的结合。在婚姻里，夫妻双方都热切期盼彼此感情归属的忠诚及患难与共的相互扶持。在这儿，没有中间的灰色地带，你不能只做一半的承诺，把另一半留给可能发生的一见钟情。

12. 回忆美好时光

热恋期是婚姻的前导，热恋中的男女，那种"一日不见，如隔三秋"的情感，实在是非常美妙的。结婚以后，经常回忆婚前热恋时的美好时光，能唤起夫妻的感情共鸣，并在共同的回忆中增加浪漫情感，更加向往未来，从而增进夫妻感情。

13. 再度蜜月

结婚时的蜜月，是夫妻俩感情最浓的时期。那时，两人抛开一切干扰，完全进入只有两个人的甜蜜的爱情天地，享受"伊甸园"之乐。婚后，如果能利用节假日，每年安排时间不等的"蜜月"，再造只属于两人的爱情小天地，重温昔日的美好时光，定能使夫妻感情越来越浓。

14. 留足浴爱时间

现代社会里，竞争激烈，生活节奏日益加快，每个人的工作都十分繁忙，有不少人因忙于事业而顾不上夫妻俩的感情生活，以至夫妻经常不能一起吃饭、休息，影响了两人感情的巩固和发展。所以夫妇工作再忙，也要巧于安排，挤出时间留给两人共同生活，共浴爱河。

15. 保持夫妻生活新鲜

夫妻生活是联络夫妻感情的重要途径，良好的夫妻生活是巩固和发展夫妻感情的必要保障。不少夫妇婚后夫妻生活一成不变，缺乏创新，并导致感情钝化。所以，要不断创造新鲜的夫妻生活方式，使夫妻双方都能从永远新鲜的夫妻生活中获得新鲜的感受，以使夫妻的感情之花永葆新鲜。

16. 留些个人隐私

再宽容的人，对于爱人的绯闻也会生出醋意来，至于得知对方"红杏出墙"的艳事，则更难容忍，由此导致家庭破裂的事并不鲜见。所以，将过去个人情史上的隐私，对现在的爱人"坦白交代"并非良策，那样，非但不能增进感情，反面会带来双方的感情危机。因此，留些个人隐私，是巩固和发展夫妻感情的明智选择。

17. 警惕财务危机

结婚以后，如果不能搞好家庭的收支平衡，就会出现家庭财务危机，影响夫妻感情。有些家庭，钱归一方掌管，如果不能做到财务公开，当一方经济要求得不到满足时，也会产生家庭矛盾。因此，要夫妻双方共同理财，坚持量入为出的持家原则，勤俭节约，精打细算。手中要始终留有一些应急经费，以备不时之需。这样，既能防财务危机于未然，又能拒感情危机于千里。

18. 庆祝有纪念意义的节日

结婚纪念日、对方生日、定情纪念日等，是夫妻双方爱情史上的重要日子。当这些有纪念意义的日子到来时，应采取适当形式，予以纪念，使双方都感到对方对自己怀有很深的爱意，这对于巩固夫妻感情有很大作用。

19. 补偿往昔情债

不少夫妇结婚时由于条件所限，未能采取心中理想的形式来回报对方的爱意，如未能度蜜月、未能给爱人买一件像样的礼品、简化婚礼程序等。结婚数年，当家庭条件具备时，要记着完成这些当初未能让对方如愿的事，以偿还过去欠下的情债，这会使对方觉得你是个很重情、多情的人，爱你之情便会倍增，如不少男性婚后给爱人买金首饰，许多已过而立之年的夫妇补拍结婚彩照等。

20. 别忘和爱人吻别

你绝对想不到，当你急着出门时的匆匆一吻有多么大的魔力，临别的一吻能把你们彼此的心紧紧地系在一起，让你一整天都沉浸在甜甜的亲密中，好像他从没离开过似的。如果你因公出差，也别忘打个长途电话，让他知道，你的心好端端地放在他那儿。

最后教你几招化解夫妻矛盾以及调和夫妻争吵的方法：

1. 夫妻矛盾化解法

夫妻发生矛盾是常事，要学会迅速化解的方法：

(1) 要扬长避短，刚柔相济。

(2) 双方要经常沟通，遇事冷静，避免产生误会。

(3) 夫妻间兴趣爱好不一致时，双方应该宽容，尊重对方的爱好，不要横加干涉。

(4) 一方生气时，另一方应保持冷静，不必申辩理由，等对方"冷却"后再心平气和地进行解释或自我批评，以免引起矛盾冲突。

(5) 当一方教育孩子不当时，另一方应该回避，而不应阻挠，损害对方在孩子心目中的威信，可事后再协商教育孩子的方式、方法。

(6) 当一方无理取闹时，另一方可以暂时避开，去看书、干活等，这有利于双方从紧张气氛中解脱出来。

2. 夫妻争吵调和法

(1) 对方发火时，必须忍让，待对方消气后再交换看法。

(2) 发生争吵时，双方都应就事论事，切忌翻陈年旧账，更不能以"离婚"相威胁。

(3) 应多想对方的优点，尤其要多想在困难时刻互相帮助、相濡以沫的情景。

(4) 尽量避免外人介入，更不应到外面寻找同情、支持。

(5) 不该在孩子面前争吵，以免使孩子遭受心灵上的创伤；不应争取孩子站在自己一边，更不能拿孩子出气。

(6) 在外面因为工作或其他原因引起的不快，都不能回家向爱人或孩子发泄。

(7) 夫妻吵架后，妻子不能动辄就回娘家，以免增加沟通、和解的难度。

现代婚姻保鲜秘方

结婚以后才发现"两人世界"其实没有想象中那么浪漫，不仅平淡如水，而且有时还烦琐得吓人，时间长了，竟毫无激情，甚至有的婚姻早早地就触礁了。

究其原因，就是男女在婚后，没有自觉地在意识上做出改变，以适应人生新的阶段，最终导致婚姻关系的破裂。

■ 男女婚后应建立的 8 种意识

(1) 家庭必须放在第一位。结婚后，夫妻双方在感情和精力上，都应把家庭放在第一位，你不能在同时同地同一感情世界里既做女儿又做妻子，既做儿子又做丈夫。所以，当你决定结婚时，就等于决心以自己的新家庭为主。

(2) 婚姻中"我们"最重要。要懂得婚姻中存在着第三方而绝非只有两方，第一方是男方，第二方是女方，第三方是婚姻，即"我们"。不少问题要从"我们"的角度去考虑。

(3) 维护婚姻是项长期任务。维护婚姻，使婚姻免受矛盾影响是你的一项长期而又艰巨的任务。你必须为自己订下规矩，例如：休息时不要把白天的愤怒带上床；问题若在 48 小时里解决不了，就该让它变成历史；夫妻间绝不能动手打人等。

(4) 处理危机是生活常事。结婚后会不断地发生一些生活危机，如生病、经济因素等，所以，双方都要学会处理危机，处理得好，反过来能加强婚姻关系。

(5)忠诚是婚姻的必备要素。婚后，要对对方忠诚，无论是在精神上，还是肉体上，忠诚是你幸福婚姻的必备要素。

(6)既要做夫妻又要做朋友。夫妻双方要互相照顾、互相鼓励，在不少婚外情事件中，有外遇的一方并非是寻求性快乐，而是寻求自己认为是其生命一部分的"好朋友"。

(7)幽默是夫妻情感的好帮手。要使婚姻生活多彩多姿，幽默必不可少。

(8)让美好的回忆永驻心间。人是随着年龄的增长而转变的，变得更加成熟，但成熟又往往意味着世故。因此最后一件也是最重要的一件——保留美好的回忆，把两人蜜月初期的快乐留在脑海中。

■ 婚后保鲜秘方

1．矜持庄重

婚后，妻子保持婚前恋爱时的矜持与庄重，尽量保持自己美好的形象是十分重要的。然而不少女性在恋爱时很淑女、端庄，婚后却不大注重形象，大大咧咧、毫无忌讳的，误以为木已成舟，自己已进了婚姻的保险箱，全不知这样做的严重后果。如果妻子将女性贤淑的涵养坚持到底，就一定会拥有幸福美满的婚姻。

2．幽默诙谐

幽默、诙谐、笑口常开，不但可以使自己显得富有活力和魅力，还可以巧妙化解家庭矛盾，增强家庭的凝聚力。

3．若即若离

夫妻间保持一定的距离，即结婚了也保持恋爱时双方的相对独立性和自由度，可大大提高相互的吸引力。这种距离可分为两种：一种是有形的，另一种是无形的。前者是指夫妻在时间和空间上的间歇性暂时分离，后者是指夫妻在充分信任的基础上尊重对方的隐私权，不干涉对方正常的社交活动，给对方充分的合理的社交自由。俗话说"小别胜新婚"，"距离产生美"，夫妻间保持适当的距离，可获得事半功倍的呵护婚姻的效应，可避免夫妻间因长期耳鬓厮磨而产生的矛盾与厌倦。

4.神秘浪漫

婚后，作为妻子的你，时不时给丈夫来点儿"罗曼蒂克"的小把戏，适度给丈夫一点儿小悬念，可有效地引起丈夫的好奇心与吸引丈夫的注意。一般情况下，爱情的小"陷阱"能创造意外的惊喜，能营造婚姻的浪漫气息。

5.温柔撒娇

妻子适度撒娇，丈夫不但不会生厌，还会萌生怜爱之意。可以说，在丈夫面前，妻子的娇气与年龄无关，女人无论年龄多大，永远都可以是丈夫的娇妻。在夫妻意见不一或闹别扭时，妻子适度撒娇会收到意想不到的效果，丈夫因怜爱、迁就而做出让步，夫妻矛盾也就烟消云散。因此可以说，妻子撒娇是调解夫妻矛盾的"缓冲剂"。但有一点必须注意，那就是撒娇时一定要注意适度，切莫将"娇滴滴"演绎成"刁蛮"。

6.你唱我不随

一个人一生只要婚姻不发生变数，就会朝夕面对爱人，有一辈子的时间可以投进去，少待在一起个把小时无关紧要，不要时时事事都在一起。一些年轻夫妻在朋友聚会、同事相约甚至出外游玩时，情愿解散两人组合，分头独立社交，这种方式是一种夫妻双方事先达成默契、彼此认同的行为，是对各自禀性、爱好和独立性的尊重。当然，这种独立行为不能替代"两人世界"，否则结婚就失去了意义，所以我们应该知道，保证"两人世界"的主体性是最根本的，分与合的比例分配要得当。

7.夫妻"AA制"

过来人都知道，柴米油盐的婚姻远比浓情蜜意的恋爱要复杂得多。

在一起生活就一定会共同面对经济上的问题，小到请朋友吃一顿饭，大到赡养父母资助弟妹，都和家庭财产有关。如果遇到两人意见不一，争执就在所难免，而本来相爱的两个人，为钱闹得疏远甚至反目成仇，实在不值得。所以，最具创意的夫妻"AA制"出现了，而大多数倡导者是女性。

流行于年轻夫妻中的"AA制"，大致有两种形式：一种是每月各交一部分钱作为"家庭公款"，以支付房租、水电费等家庭支出，其余花费自己负担；另一种是请客、购物、打车等费用都自理，只在买房、投资之类大项目上平均负担。然而，对恩爱的两个人来说，谁会为多付了一顿饭钱而争执不下呢？

夫妻"ＡＡ制"可以说是一种前卫但不彻底的方式。说到底，只是一场两个人的游戏，这场游戏可能在有了孩子之后结束，孩子会让两个人有更多"共同"的感觉，想分可能都分不开。

当然，许多选择"ＡＡ制"的夫妻都懂得，婚姻的责任和约束对他们来说仍然存在，一旦结了婚，人就要受到约束，就不能随心所欲地与异性朋友频繁约会，也不能和前任情人继续眉来眼去。当然，如果丈夫买了房子，妻子也得责无旁贷地共同偿还银行贷款。或许，采取这种形式只是为以后在同一个屋檐下共同生活做一个缓冲或心理准备。

自测：让你预知婚姻生活

假设独居的你，居住在两房一厅的屋子，你将如何布置其中一间面对阳光的房间？

a. 放张床当寝室。

b. 摆张书桌，书架当书房。

c. 当会客室。

d. 摆餐桌当餐厅。

解　析：

选a者：

你是一个非常冷静的人，对于任何的事都有极合理的看法，就算是处在热恋的阶段也会仔细地考虑对方是否合适。若是遇到一个理想的对象，一定会积极主动地去追求，但是由于你的眼光太高，所以经由相亲而结婚的概率很高。

选b者：

你的好奇心很强，东想西想的，所以你对结婚并不积极，你热衷于生活中的一切，却少有恋爱的经验，但你可能会突然的闪电结婚，吓死周遭的人。

选c者：

你是一个很喜欢热闹的人，身边的男女朋友有一堆，是一个机会很多的人。

因此你可能会在一场恋爱之后来一个闪电结婚，或总是朋友，而无法发展恋爱关系。

选 d 者：

对于婚姻你怀有很大的梦想，你渴望拥有一场轰轰烈烈的恋爱，豪华的婚礼，从此过着幸福快乐的日子。但事与愿违，婚期总是愈拖愈晚。婚后的你是以家庭为优先的人。

第十二章
女人的职场资本
——你可以做得更好

成功职业女性应具备的基本素质

现代社会对女性的要求越来越高，在女性柔弱的双肩上，有家庭的负担，也有工作的压力，所以职业女性要想在事业上获得成功，就必须具备以下一些基本素质。

1. 控制力

成功女性通常非常执意于自己的决策，不习惯听命于人。如果你在公司里是一个唯唯诺诺、不吭一声的人，或只是一个虽不喜欢公司的环境，但又没有勇气辞职而另觅高就、自创前途的人，那么你离成为创业者还有一段距离。

2. 充满自信

成功源于自信，在这个处处充满竞争的社会，那种自怨自艾、柔弱无助的女人已日渐失去市场。男人不再是女人的主宰，女人也早已不是男人的附庸。"男人追求的极致是成功，女人追求的极致是幸福"的名言也日渐黯然失色。女人学会自我拯救和自我完善永远是最重要的。渴盼男人赐予你幸福永远是被动而不安全的。男人欣赏乐观自信的女人，这个世界上自强自立的女人多了，男人背负的精神压力就比较小。而且，一个男人能与一个不仅只满足衣食之安的女人共度人生，那么生活永远不会陈旧，人生也不会走向退化。

3.快节奏

成功女性通常很急于见到事务的成果，因此会给别人带来许多的压力。她们坚信"时间就是金钱，时间就是效率"，不喜欢也不会把宝贵的时间浪费在琐碎无聊的事情上。

4.脚踏实地

成功女性做事脚踏实地，不会为了使自己舒服一点而马虎从事。

5.有自己的目标

成功女性为了实现个人理想，不会计较虚名。她们生活简单朴实，有自己明确的奋斗目标，必要时常常身兼数职。

6.心理素质稳定

成功女性通常不喜形于色，善于控制自己的情绪，也很少在人前抱怨、发牢骚。遇到困难时，她们总是坚韧不拔地去突破困境。

7.身体健康

成功女性通常要在非上班时间料理事务，通宵加班也是常有的事，如果你的身体状况存在隐患，那么你的创业之路必定布满荆棘、困难重重。

8.知识面广

成功女性几乎大事小事无所不知，拥有广博的知识，知识面涉及各个领域，使得她们在处理事务时，既能掌握事情全盘的来龙去脉，又能明察秋毫，做出果断正确的决策。

9.过人的直觉

成功女性能够从杂乱无章的事务中整理出一套逻辑的构架，凭借她们过人的直觉对遇到的问题做出准确的判断。

10.公私分明

成功女性为了事业往往是"冷酷无情"、"不顾情面"，给人以"大公无私"、"就事论事"的感觉。

11.有毅力

机遇总是偏爱那些有能力、有才干的人，然而，这些能力与才干的获得，无不是来自艰苦不懈的努力。只有勇于为事业付出代价的人，才可能事业有成。

成功的女性最具有能拿得起、放得下的豪气。在命运的迎头痛击下，她们即使血流满面，也绝不低头，而是以笑脸和勇气迎接命运之神的挑战。

12. 有高度的自制力

女人成功最大的敌人其实并不是缺少机会，或是能力有限，而往往是缺乏对自己情绪的控制。世界上有许多美好的令人愉快的事情，也有许多糟糕的令人烦恼的事情，却没有一种神奇的力量只把好事给你，而不让坏事和你沾边，当然也没有一种神奇的力量把好坏不同的境遇完全合理地搭配，绝对平均地分给每个人。

13. 独特的才华与优势

所谓的才华，并不是人们通常认为的文学、艺术、运动或智力上的天赋，其实每个人都有一些看似平常、容易被忽视，但在事业发展中却非常重要的才华。比如灵活、幽默、吃苦耐劳和积极乐观。事实上，这些看似不起眼的品质，恰恰是你工作与事业成功的重要因素。

14. 敢于承担风险，不惧失败

每一个决策的背后都有风险，但风险是可评估的。如果不踏出新的一步，就没有成功的机会。女人常常为了安全感，保守地待在原地，却错过了奋斗的良机。女人要想获得更多的机遇，就不能害怕改变。奋斗的过程，甚至失败的经验，都能帮助你承受更大的决策风险。

与上司交往的艺术

在职场中，每一个职业女性都会有一个直接影响她事业、健康和情绪的上司。无论是男上司还是女上司，能否与他们和睦相处，对女性的身心健康、发展前途都有很大影响。那么，如何才能做到与上司和睦相处呢？

首先，要掌握与上司相处的原则：

1. 了解上司的为人

如果你不了解上司的为人、喜好和个性，只顾埋头苦干，工作再怎么出色也不会得到上司的赏识和认同。上司欣赏的是能深刻地了解他，并知道他的愿望和情绪的下属。了解你的上司，不但可以减少相处过程中不必要的摩擦，还可以促进相互之间的沟通，为自己的晋升扫清障碍。

2. 注意等级差别

你与上司在公司的地位是不同的，上司不是你的朋友，他在乎他的权威和地位，他需要别人的承认。如果你的上司还有上司，你和他开玩笑，他会很没面子。就算他是你的朋友，在公司也最好把你们的关系界定为简单的上下级关系。

3. 忠诚

忠诚是上司对员工的第一要求。不要在上司面前搞小动作，你的上司能有今天的位置说明他绝非等闲之辈，你智商再高，手段再高明，在他的经验阅历面前也不过是班门弄斧。

4. 敏感上司的动机

上司的不同命令的下达方式可能暗含着不同的目的，比如吩咐，即要求下属严格执行，不得另行提出建议及加上自己的判断；请托，给予下属若干自由空间，但大方向不得更改；征询，欲使下属产生强烈的意愿和责任感，对他极为青睐；暗示，面对能力强的下属，有意培养对方的能力。所以，当你接受一个任务时，一定要弄清上司的动机，不要辜负上司的美意，错失良机。

5. 不要委曲求全

因为工作被冤枉时，一定不要委曲求全，因为一方面你的"大度"可能掩盖了公司内部真正存在的问题，另一方面会让上司误解你的能力甚至是人品，你的沉默将使他对自己的判断更加深信不疑。既然于公于私都无益，那你还不如找机会解释清楚。

6. 不要在上司面前流泪

泪水容易给人造成这样的印象：她是柔弱的，她的承受力太差了。如果你在上司面前流眼泪，那么原先打算提拔你的上司，也可能会认为你不能胜任你的工作，而把机会让给其他人。

7. 及时完成工作

员工的天职就是工作。如果没有完成上司交给你的任务，不论有什么客观因素，也最好不要在上司面前解释什么，没有做好本职工作，任何理由都不是理由，因为上司关心的只是工作的结果。工作没做好，你的解释只会让他更加反感。如果确实是上司的安排有问题，你可以事后委婉地提出，但千万不要把它作为拖延工作的理由。

8. 小处不可随便

在上司面前，要注意自己的言谈举止和工作中的细节问题，越是随意的场合越要加以小心，正所谓"当事者无心，旁观者有意"。很多上司都信奉"见微知著"的四字箴言，认为这些生活中的细节很容易暴露一个人的秘密。比如文件的摆放可以看出你做事的条理性和缜密度，发言的声音大小说明了你的自信心如何，酒会上的行为是否得体体现了你的个人修养与自制力，等等。

9. 要有团队精神

任何一个上司都不会喜欢害群之马，因为是他所管理的团队给了他威严、权利和成就感。没有整个团队的成长，他的事业就失去了依托。所以不要只想着怎样讨上司喜欢，要和你的同事和睦相处，不要搞个人主义，团队意识是你成为一名优秀员工的最基本的要求。

其次，要熟记赢得上司最佳印象的秘诀：

1. 提前上班

如果能提早一点到公司，会显得你很重视这份工作。每天提前一点到达，对一天的工作做个规划，当别人还在考虑当天该做什么时，你已经走在别人的前面了！

2. 说话谨慎

对工作中的机密必须守口如瓶。如果说话随便，说不该说的话，有意或无意地泄露秘密，将会给上司和自己的工作带来不便。

3. 反应要快

上司的时间比你的时间宝贵，不管他临时指派了什么工作给你，都比你手头上的工作来得重要，接到任务后要迅速准确及时完成，反应敏捷给上司的印象是金钱买不到的。

4. 勇于承担压力与责任

公司在不断成长，个人的职责范围也随之扩大。不要总是以"这不是我分内的工作"为由来逃避责任。当额外的工作指派到你头上时，不妨把它当作一种机遇。

5. 苦中求乐

不管你接受的工作多么艰巨，你也要做好，千万别表现出你做不了或不知从何入手的样子。

6. 保持冷静

面对任何困难都能处之泰然的人，一开始就取得了优势。老板和客户不仅钦佩那些面对危机不变声色的人，更欣赏那些能妥善解决问题的人。

7. 善于学习

要想成为一个事业成功的人，不断学习、充实自己的知识是必要的。既要学习专业知识，也要不断拓宽自己的知识面，往往一些看似无关的知识会对你的工作起到很大作用。

8. 切勿对未来预期太乐观

千万别期盼所有的事情都会照你的计划发展。相反，你得时时为可能发生的错误做准备。

第三，要学会巧妙处理与男、女上司的关系：

■ 与男上司相处的艺术

不要以为，办公室里有个男上司是女职员的幸运。实际上，你很快就会发现，办公室的人际法则一样适用于男领导与女下属。比如你必须实干、能干、肯干。没有这个前提，你的小聪明、你的女人味儿、你的个性、你的温柔顺从，一切都无从谈起。

尽管很多男上司都会对女下属多一些照顾，不过两者之间仍然会有不少的矛盾，而且，对于某些男上司来说，如果处理不好，可能会引发更大的问题。所以，一定要掌握与男上司相处的艺术和技巧。

1. 给上司一点面子

凡是当领导的，都是要面子的，尤其男性领导在女下属面前。尊重他，把他当领导看，这可避免许多不必要的灾难。当然，请领导吃饭是一个办法，如果你不想请他吃饭，那么最好是常给他一个笑脸，或者见面问声好，适当的恭维也是很有用的。

2. 打扮不要过于暴露

白领女性是时尚服装的最先体验者，是潮流的领导者，但在办公室里，最好还是不要穿得过于暴露。

上班穿着一定要整洁、得体、大方。低胸衣、迷你裙、夸张的饰物等，除了会影响周围同事工作的专心程度外，更会使男上司怀疑你的工作能力。在工作环境中，太浓的妆或工作时经常补妆，有欠对男上司的礼貌，也会妨碍工作。

3. 在未获得上司赏识前，要避免和男上司一起出差

在初入社会的女青年看来，与男上司多多接触会增进友谊，容易升迁。其实不然，与男上司接触过频好处并不多，尤其要避免和男上司一起出差。

与男上司一起出差，你要尽心尽力讨他欢心。可是，男上司一旦发现了你的缺点，不管你多么殷勤，他还是会记住你那些缺点的。加上旅途劳累，工作上遇到困难，内心的不满一再积累，就可能对你产生很大的反感，其后果可能不堪设想。

4. 对付性骚扰有轻有重

首先要了解到底什么才是性骚扰：

(1) 只是顺口赞美你今天穿得很漂亮；性骚扰则是赞美你的衣着时，还用色迷迷的目光在你身上打量。

(2) 把手搭在你肩上，并且给你一个与其他人相同的拥抱；性骚扰则是搂着你不放。

(3) 对方在你的桌上留下一张字条，赞美你的工作表现；性骚扰则是对方一再在你桌上放置写有性暗示字句的字条。

(4) 如果对方还是单身，并且约你出去，你可随时拒绝；性骚扰则是如果对方已经结婚了还约你出去，或者对方仍是单身，在约你出去而遭拒绝时，便威胁如果你不"合作"便要将你开除。

(5) 听到值得高兴的好消息时，轻拍你的肩膀或手臂；性骚扰则是在公共场合或者私底下，暧昧地触碰你的身体。

（6）说些粉色或黄色笑话时，你只觉得蛮有趣的，却没有猥亵的感觉；性骚扰则是说粉色或黄色笑话时，过分强调一些细节。

如果你确定遭到了性骚扰，要根据情节轻重采取适当的反击行动，不要只是默默地承受。自信而且具有良好形象的女性，不能让自己成为这种行为的牺牲品。不要因为害怕失去工作，就使自己每日处在担惊受怕的环境中。如果受害人是在只有两三个职员的小公司工作，而施加性骚扰的人又是这家公司的老板，则唯一可做的大概就只有离开这家公司。无论你将面临多大的财务困难，都应该设法辞去这份工作，必要时采取法律手段维护自己的尊严。

5. 不与男上司玩爱情游戏

现今社会，男女两性一同受教育，一同工作，一同参与社交活动。两性之间的关系愈来愈密切。一男一女在一起工作，很容易惹起议论。

职业女性要想避免来自上司或同事的感情风波，最聪明的做法就是将私人感情抛出办公室外，谨慎地处理与男上司的关系，提防不适当的恋情影响自己的前途。年轻女性一旦卷入男上司的家庭风波中，有时不但会损害工作，甚至还会不幸地丧失贞操，非常不值得。

当办公室里发生了恋情风波时，一般主管会认为：资深的上级职员本身有了权力，不足以影响工作，而且职位本身较重要。至于资浅的年轻下级职员，对公司的贡献不多，而出了毛病，必须立即离开公司，另寻去处，以平息这场足以影响办公室的情绪的风波。因此，在这种办公室的恋情中，牺牲者往往是女性下属。

■ 与女上司相处的艺术

如果你的顶头上司是位女性，那么，在这个以男性为主流管理者的社会里，女性能得到提拔，必定有其不凡之处——她们必定比男性勤劳，对工作也比较投入。但是，切忌把在男上司手下工作的那一套，照搬到女上司身上，加了个"女"字，上司就不仅仅意味着工作上的权威。

有一项针对职业女性的调查显示：78%的受调查者认为，女上司比男上司更难应付。因为，女性在处理工作和个人情绪方面，可能不如男性；而滥用职权的情形，却丝毫不会比"成功男士"逊色。

当然，并不是所有的女上司都有坏脾气。"摊"到的女上司的好与坏，全凭自己的运气。可见，与女上司打交道，要讲究一定的技巧：

1. 要学会自我保护，不要对友情寄予过高期望

和女上司关系再好，你也要注意她绝对不是你的朋友。王小姐得知自己被调往行政部时非常开心，因为行政经理是她的大学同学，两人关系不错，王小姐本以为和她共事一定轻松。但情形并非如此，昔日的同窗、今日的上司对她完全没有以前那么热情，公事上她言简意赅，王小姐有些不很熟悉的环节向她请教，她甚至含糊地一带而过，下班后她们也各走各的，以前一起去餐厅小坐的情形不复存在。聪明的王小姐当然看得出来，同窗这样做，一是想和她保持距离以分清上下级关系，以便管理；二是担心也很出色的王小姐成为自己的竞争对手，王小姐看出了这两点，因此不再对她们的友情抱有太高期望。

职场友谊固然存在，但在有利益冲突的情况下却常常另当别论，职场女性一定要学会自我保护。

2. 要注意自己的锋芒，不能黯淡无光，更不能比上司亮

下属的聪明才智需要得到领导的赏识，但不要在上司面前故意卖弄和显示自己的才能，否则必会招致上司的不满，并产生戒备，影响到自己的工作。

事例：小青能力强，工做出色，常博得老总赞许，其他同事也不乏赞美之词。不仅如此，她人也长得漂亮，又总爱把自己打扮得风采出众，常引得周围同事一片"惊艳"之声。小青的部门经理是位颇有风姿、年近四十的女性，小青刚进公司的时候，经理对她也很亲切，现在却越来越冷淡了，小青一直不明就里，直到有一次部门同事全体出动举行年终庆贺，酒桌上小青出尽风头，去唱歌时，她当然不会放过这个一展歌喉的好机会，然而就在她兴冲冲地要唱第三首歌时，她无意中看到了有点受冷落的经理，脸上有着极其明显的不快。在那一刻，她明白了一切。

喜欢出风头是女人常犯的毛病，虽无大碍，但是从工作成绩上讲，面对一个女上司时，无论你怎么优秀，也不能让你的光芒掩盖了她，除非，你要取而代之。假如你比她还能干，那只有两条路好走：要么她挤走你，要么你挤走她。而在你没有足够的把握之前，面对女上司，还是小心谨慎为好，就

像开车经过铁路道口一样：一慢、二看、三通过。

3. 对女上司，除了工作，别的都不要谈

在公司里，只有谈工作是最正当也是最正常的。如果你说些什么家长里短的话，说不定就传到了谁的耳朵里，跟一个女上司就更是如此了。因为都是女人，要是她的小心眼犯起来，吃不了兜着走的肯定是你。因此：

(1) 在不了解她的个人情况之前，不要冒失地问关于她的丈夫和孩子的情况，比如"你丈夫是做什么工作的？""你的孩子几岁了？"之类的问题。因为现代的职业女性有很多虽已超过了结婚的年龄但至今还是单身。单身的女子，你何必去加深她的形影相吊之感呢？

(2) 不要主动向女上司献上自己的养颜秘方，除非她向你咨询。交换美容心得是女性之间增进亲密感的秘诀之一，不过这一手法不适用女上司和女下属之间。多数的女上司为自己的晋升付出了太多精力，以致在脸上留下痕迹，你跟她谈美容，可能她会敏感地认为你在说她形象有待改善。

(3) 也不要跟她交流柴米油盐及打毛衣的心得。人的精力有限，跟她谈持家心得，会引起她的警觉：你是不是对操持家务更有兴趣，而工作只是你应付的差事呢？

4. 给女上司拍马屁要掌握好"火候"

"拍马屁"不是职场"大忌讳"，但却包含了"大智慧"。女员工给男上司拍马屁，用劲"狠"一点、"过"一点还没什么，只要别让他觉得你骚扰他就行了，反正你是女的，有女人说他好话，从性别上来讲他心里就会舒舒服服地。

但对女上司就不行了，拍过了、拍狠了弄不好适得其反。

有位女上司新买了一身名牌套装，花了将近 2000 块钱，说实话，款式和色彩都有点过时，但别人的评价无外乎都是"好看"、"穿着显年轻"，可这些词都禁不住推敲："好看"，太一般化；"穿着显年轻"，难道我平时很显老吗？

有一位女士很聪明，她说："经理这套衣服呢，我说说我个人的看法啊，第一，不是十全十美，就绝对价格而言，不算便宜，但是，就性价比而言，肯定是值得的；第二，色彩和款式，我觉得有点委屈您了，您身材这么好，又年轻，为什么要穿这么老成持重的衣服呢？"这番话把女上司给美坏了。

所以，给女上司拍马屁一定要掌握好"火候"。

职业女性如何保持快乐

身处职场的职业女性，一方面要承担家庭的责任，另一方面还要应付工作中存在的成见、骚扰和歧视。既要面临来自外界大环境的冲击，又有来自后起新秀的挑战，还有来自自身的危机。这一切的一切都让职业女性们感叹：尽管生活不是一团麻，但总有解不开的小疙瘩。其实，女人的世界是五彩缤纷的，职业女性完全有理由活得快乐一些、潇洒一些。

那么，职业女性如何才能保持快乐呢？

第一，必须树立正确的生活信念和处世原则。大多数职业女性对生活有一种很完美的憧憬和向往。在她们的思维和眼光中，任何事物都是完美的，没有遗憾的，但是生活不可能是十全十美的。所以树立一种正确的生活信念和处世原则，以扎实、乐观、豁达、平凡的心态迎接生活的每一天，是使自己活得快乐潇洒的必要条件。任何事只要你努力就可以了，不要苛求结果，要善于学会为自己的每一点努力成果而喝彩，让自己时刻有成就感，这样在你遇到挫折的时候你才能从容不迫，冷静处理，而不是陷于惊慌失措和忧伤中。

第二，要学会灵活调节自身的心理、情绪的节奏。生活中烦恼无数，而有的女人始终快乐，有的却总是愁眉苦脸。这种情形的根本原因在于她们是否会灵活调节自己的心理和情绪的节奏。事实上，这种技巧是快乐潇洒的必要途径。自我调节的方法有很多：不如意时可以找一种迅速转换烦恼情绪的方式，或睡觉，或加入朋友聚会；忧伤时约个朋友去散散步、谈谈心；心理压力大时转移一下思绪，想一些令你愉快的往事；烦躁时可以投入到一项你最喜欢的娱乐或运动中，如跳舞、打球等。

第三，永远不要和别人较劲。女性由于其本身所具有的特点，往往喜欢比较，纵向的、横向的。有时通过比较，可以看到自己不够完善的地方，增加自己的压力和动力，但是盲目的攀比是不可取的。仿佛别人的风光是她心头的痛，别人的得意之时就是她深感挫败之日，久而久之，就会心态失衡，以为自己无能、懦弱而丧失进一步奋斗的勇气和机会。其实，每个女性的条件、修养、经历、机遇各不相同，所以计较和妒忌只能让你心灵扭曲、烦恼丛生。

第四，找快乐。快乐并不是可遇不可求的东西，它完全取决于你自己的意念。比如你手头有一堆亟待处理的公务，你可以想象成这是你最喜欢的事，压力减轻，情绪高涨自然效率倍增，怨声载道只能让事情向相反方向发展。所以，当遇到糟糕的事情时，不开心也于事无补，不如转换思路，尽量自己找快乐，为自己打气。

第五，失去也是快乐。有时候，职业女性太多的不快是因为她们总想获取却惧怕失去，并为失去东西而郁闷不开心。其实，失去和获得是一对连体婴儿，互为依存。失去青春获得成熟和人生经验，失去玩的时间获得辛勤工作的报酬，失去高薪职位却获得渴望已久的休闲时刻，失去你爱的人却获得更爱你的人。这么想过，你真不应为失而痛，而应不时为得而乐。

第六，不要在意别人的目光。有些职业女性丢弃了自己的意愿，像是活在别人的标准里，在别人的评判里找寻自我的价值。如此女人，别人的一句诋毁足以毁灭她们所有的信心，因为她们太在意别人对自己的看法。在乎别人的看法只能扰乱自己的心境，活得沉重。只有我行我素，不为别人的目光违背自己的心意，尊重自己生活的行为方式，做你真正想做的事，想做的人，才会达到快乐潇洒的人生状态。

做一个幽默的"魅力女主管"

幽默作为一种激励艺术，在公司的日常经营管理中，有着重要的作用。调查显示：许多下属心目中理想的主管形象是：富有幽默感，善于调节与下属、客户之间沟通的气氛，可以让大家在轻松的氛围下工作。要做到这一点很不容易，但是作为一位受下属欢迎的主管，尤其是女主管，是非常有必要了解如何运用幽默的智慧。

这也是很多满怀抱负的职业女性万万想不到的事情，阻碍她们成功的最大因素竟是她们视为禁忌的"幽默感"。她们不知道掩埋了幽默感，就等于没有了个人风格，最吸引人的神秘力量也因此丧失了。因此，女性也应摘下严肃的"面具"，恢复轻松自在的女性特质，并且学习保持幽默的态度，时时展现出在蒙娜丽莎般的微笑里胜人一筹的风度。

■ 幽默在管理中的作用

工作中幽默能带来一些积极结果。作为主管，你的幽默越有效，这样的一些结果就越有可能会来到。

(1) 幽默可以增加工作的满意度和投入程度。在工作中表现出更多积极有益的幽默，比如说，讲笑话和想方设法让别人笑的人在心理健康、工作满意度和投入程度方面的评价更高。同样，这些人也更不太可能辞职。富有个人魅力的主管通过树立运用有效幽默的榜样，能帮助下属取得积极结果。

(2) 幽默是消除矛盾的强有力手段。当两个人或两个部门相互之间有冲突时，老练的主管会讲一些幽默的话，从而有助于消除双方的分歧。

(3) 幽默会减轻紧张情绪。纵情大笑是身体上的放松，因为它使肌肉紧张，然后又放松。纵情大笑也非常像身体锻炼，它可以减轻工作上的压力和相伴随的紧张感，因为大笑会释放出啡肽——那些荷尔蒙会导致一种放松和更强警觉的状态。如果你产生了一种让大家释放啡肽的效果，你魅力的得分将会激增。

(4) 在工作中有效运用幽默能提高生产力。因为幽默有助于下属放松紧张情绪，而且当他们放松时，他们的工作效率会更高。

(5) 幽默可以使大家团结在一起，并且有助于更好地对付困难的工作。

(6) 幽默非常有助于促进人际关系的改善。起润滑作用的幽默可以促进人际关系的和谐并且减轻工作中的紧张感。这种类型的幽默能使员工相互之间的关系顺利地运转，而且它还是有魅力的个人更为偏爱的一种幽默。相反，伤人感情的幽默会刺激相互之间的关系。起润滑作用的幽默是有助于人在部门中感到舒适自在的一种极佳手段。

(7) 恰当形式的幽默有助于人对待逆境。在下属遇到困难时，作为主管的你及时运用一些恰当的幽默，鼓励他（她）调整心态，积极面对困难的挑战，一定会收到很好的效果。

(8) 运用幽默可以让下属看到一个问题的更为轻松的一面，幽默有助于下属摆正事情的位置。

(9) 以逗人发笑的方式，通过对想法进行反复琢磨的形式表现出来的幽默能促进创新。幽默是智力刺激因素的来源，因为不得不绞尽脑汁去寻找深深植于工作环境中的令人有趣的成分。

■ 幽默要有限度

幽默的人受人喜欢，幽默的主管比古板严肃的主管更易于与下属打成一片。有经验的主管都知道：要使身边的下属能够和自己齐心合作，就有必要通过幽默使自己的形象人性化。然而什么事都要有个度，"过犹不及"，当你在"幽他一默"时也一定要把握住幽默的限度，领会其中的技巧：

(1) 幽默要高雅。在工作中，有不少主管在开玩笑时往往把握不住分寸，结果弄得大家不欢而散，影响了彼此的感情以至工作。当你在与下属沟通时，幽默要高雅才好，把下属的缺陷作为笑料是一种最不明智的行为。

(2) 幽默要适时表现才会发生作用。比如说，当下属疲劳快进入睡眠状态时，作为主管的你，若能适时幽他一默，整个沉闷气氛都会为之改观。还有在开会或聊天时，有人因口无遮拦伤害了他人，此时你不妨以幽默的言语引人发笑，设法转变话题，使大家摆脱窘境。

(3) 幽默要注意场合，幽默并不是随时随地都可以运用的，应在某些特定的场合和条件下发挥幽默。例如：在一个正式的会议上，当你的下属在发言时，你突然冒出一两句逗人的话，也许大家都被你的幽默逗笑了，但发言的那位下属心里肯定认为你不尊重他，对他的发言不感兴趣。

■ 培养自己的幽默感

幽默，是智慧的艺术。当然，幽默不是天生的，也不是一蹴而就的事情。要想做一个幽默的女主管，坚持以下几点就可以见效：

(1) 博览群书，拓宽自己的知识面。知识积累得多了，知识面广了，与各种人在各种场合接触就会胸有成竹、从容自如。

(2) 培养高尚的情趣和乐观的信念。一个心胸狭窄，思想消极的女主管是不会有幽默感。幽默属于那些心胸开阔，对生活充满热情的人。

(3) 有意识地训练自己对事物的反应和应变能力。

(4) 提高观察力和想象力，要善于运用联想和比喻。

(5) 多参加社会活动，多接触形形色色的人，增强社会交往能力，也能增强自己的幽默感。

总之，幽默是一种优美的、健康的品质，恰到好处的幽默更是智慧的体现，当你掌握了幽默这门社会交往的艺术时，你会发现与下属沟通不再是一件困难的事情，而且你的下属还会被你的魅力所吸引，被你的宽广胸怀所感动，进而敬佩你，最后真正接受你、服从你。善于幽默的主管，大多能把幽默的力量运用得十分自如，真实而自然。由此，当主管开玩笑时，下属们不会感到耸人听闻，或是哗众取宠，而是快乐。因此如果你想成为一位富有魅力的主管，不妨多些幽默，因为幽默的根本是人性的一面。

逛商场提升你的职场魅力

逛大街、逛商场可称得上是女人的一种生活方式了，离开了一个"逛"字，估计女人的生活也就缺少了一半的乐趣。

有人说，女人爱逛是为了美的需要，像化妆品这种直接对女人授之体肤的东西，女人是极其敏感的，见之而眼开。至于衣服，则更是多多益善。大概没几个女人会承认自己长得不可救药地难看，总认为是衣服的原因。她们有满衣橱的休闲装、职业装，色彩缤纷、错落有致，可到出席场合的时候，却总差中意的一件，真是衣到穿时方恨少。也有人说，女人在逛商场的过程中能让她们从中产生一种心理的满足感，即使没有购买，也是一种快乐的体验。

其实，你也能在商场里看到一些这样的女性，她们在时装柜台前，仔细地询问一些服装的价钱以及质量，售货员耐心地解说一通后，她们却无意购买。其实，这是许多女性的共同的心理活动，在心理学上称为"知晓心情"，也就是说，了解商品的质地、价格与购买商品同样会使女性产生满意的心理。而且，有的女性借着触摸商品等活动来消除心中的郁闷，即使不购买，她们也会有一种拥有感。

而对于职业女性来说，逛商场还可以提高她们在职场上的魅力，因为从某种意义上说，每个女人的服饰都是一种魅力语言，这种特殊的语言需要你亲自组织，商场是唯一的来源。因此，职业女性尽可能抽出时间逛逛商场，在逛商场时还要带着三个目的：

第一，看流行，用时尚元素让自己保持兴奋。

第二，看看有没有适合自己的服饰。

第三，锻炼身体，逛商场一逛就是几个小时，还不枯燥，一举多得。逛商场时不必讲究品牌。选择服饰时也不可过于奢侈，只要适合自己，即便品牌很普通，也要毫不犹豫买下来。

有句老话说："不怕手低，就怕眼低。"也就是说，职业女性能否掌握或驾驭服饰，核心在于她的审美能力。有这样一个实验：假设给数名女性等额现金，让她们到同一个商场去购物，可以任意选择服装、鞋袜、手提包，以及精美的小饰品，一般会出现三种结果：第一种结果是有人选购富有美感的服饰，提高了她的形象，让人感觉眼前一亮。第二种结果是有人采购新服饰却感觉平平。第三种情况是有人不仅让人感觉不好，甚至很差，降低了她的形象和品位。消费同等数额，却可以出现截然不同的感观效果，问题就出在审美能力上。审美能力是一种指向，当你伸手取下衣架上的衣服时；当你付了款，把它变为己有，并穿在身上时，其实是你的审美能力在左右你的选择。

当一个女人喜欢逛商场、热衷于购买服饰、化妆用品时，一定是到了渴望和需求美丽的时期，也是对生活、对事业充满了进取心的时候。这时，她整个人一定神采奕奕、精神百倍。相反，当一个女人缺少或没有逛商场的兴趣时，整个人也会随之失去了光彩，肤色会逐渐变暗，发型开始干枯零乱，服饰也显得懒散和陈腐。所以，女人是否爱逛商场可以看成女性魅力的一个指数。

想提升魅力的职业女性要热衷于逛两类商场。第一类是超出你消费能力的高档商场，以便让你感受到更高的品位和更时尚的气息，不断刺激和提升你的进取心。第二类是符合你消费能力的商场，因为适合你的服饰和用品常常是"逛"出来的。所以，职业女性应尽可能安排时间逛逛商场。逛商场不等于买东西，你可以带着目的和动机，一边逛，一边搜寻适合自己服饰。"只选对的，不选贵的"是现代女性消费心理成熟的一个标志，"对的"指的就是要适合自己。什么是适合？就是一要能够和衣柜里现有的服饰进行搭配，最好能够"一衣几配"，这才是"闲"逛的最大收获。二是淘到"让自己眼前一亮"的服饰，采购新面料、新色彩、新款式的服饰。其实，每一位女性都可以通过努力，提高自己的审美能力。并且，通过适度的修饰，创造新的自我，从而提高你在职场上的魅力。

育后女性速入职场有绝招

作为职业女性的你刚刚生完孩子，身份自然又多了一重，面对的问题也更多了，但你对工作的热情丝毫未减，并不想放弃原有的工作，你已经把生理和心理的状态都调整到了最佳，准备重新投入到自己的岗位，大干一场。但却发现你的上司和同事都投来了怀疑的目光，似乎断定你在产后已经把精力的重心放在了家庭和小宝宝身上，你已经不可能像以前那样拼命工作了，也不会有太高的工作热情了，心里想的都是自己的宝宝，只想着应付完工作赶快回家。

如果你的老板还算仁慈，会亲切地告诉你：在不影响工作的前提下可以回家照顾孩子，或者某些工作可以在家里完成。你可能觉得很轻松，可以既不耽误工作，也不妨碍照顾宝宝。

可是，时间长了，你会发现很多事情已经悄悄改变了。虽然你的工作和从前一样努力和出色，但原本应该你去参加的重要活动却换了别人，年终奖金你也比其他人少，升职的问题上司再也没有跟你提起过。

问题的症结就在于你已经不知不觉地进入"妈妈地带"了，虽然你依旧勤奋又能干，但在同事和上司的眼里，你已经被划归到只关注孩子和家庭的妈妈范畴。所以，你的当务之急是改变自己的形象，改变别人对你的印象和看法，重新塑造自己优秀职业女性的形象。

1. 用新技术让自己发光

一般的电话答录机都会自动记录来电的时间，你可以利用电话答录机来向他人展现你的工作激情和效率。"我通常会在早晨的工作开始之前先打几个重要的电话，这样客户会一上班就首先能听到我的声音。"做销售的季然说。

李贝的老板最喜欢加班的员工，所以李贝对自己的电子邮箱做了设置，推迟了给老板发送邮件的时间。而她的一个朋友则买了一个功能齐备的手机，在上下班的路上也可以随时收发邮件，以及完成许多需要联络的事情，当然，她不会跟对方说自己不在办公室。

2. 给自己创造一个绝对职业的工作环境

与客户见面拿名片的时候是否掉出来孩子的照片，胸前是否可以看到隐约的奶渍，文件夹的封皮是否被孩子的蜡笔划过，等等。这些事情都会让人觉得你不够职业。

所以，要想让上司和同事以及客户对你有好印象，一定要把工作和居家的感觉严格区分开。你可以在办公桌上放一张孩子的照片，但一定不要在包里留着他（她）的奶嘴。对孩子的教育也很重要，一定要让他们明确地知道：妈妈的办公用品是绝对不可以随便碰的。

3. 让上司重新认识你

你的上司是否知道，虽然你已做了妈妈，却还是和生育前一样精力充沛，富有责任心和良好的工作状态呢？如果你不告诉他，他恐怕是不会那么想的。

所以你要利用一切机会提醒他，如经常给他打电话，跟他沟通你的工作情况，你在办公室的时候一定要到他眼前晃一晃，让上司看到你在努力工作。有时你也需要站在上司的角度替他想一想：他关心的是工作业绩，他的后面也有他的老板在给他压力，所以他难免会产生疑问：她会不会因为家务和孩子而耽误工作呢？这个问题是需要你来回答的。经常与老板沟通你的工作进展情况及工作时间安排，要么定期与他共进午餐，跟他谈谈，要么就记得给他提交一份工作备忘录，让他知道你每天都在做什么，做了什么。

做这些事情的目的就是：赶在上司质疑你的工作能力之前，先给他一个积极的答复。

4. 让你的话职业起来

在工作中，要注意你说话的方式方法，小心斟酌你的用词，使用那些可以强调你职业形象的话。让人觉得你不是"请假回家"，而是"在家工作"。不能说"不能参加下午的会了，因为要去给孩子开家长会"，要说"对不起，我下午已经约了客户"。

另外，你还得找周围的同事给你同样的支持。刚做妈妈的王玲是一家公司的客户主管。在她不得不照顾孩子的时候，她会交代秘书这样回答找她的人："王经理今天没有时间，她要见一位重要的客户。"王玲说："这么说也没错呀，难道我女儿算不上我的重要客户吗？"

5.浪费一点能源

这听起来好像不是"太环保"，可是对某些在职场上具有丰富经验的人来说，他们很愿意在自己不得不离开办公室的时候仍旧让电脑或者房间的灯开着，这样，别人会以为你只不过是去洗手间了。

6.坚持逛街的好习惯

你如果有了孩子之后，也就可能无法像从前一样有充足的时间、精力和金钱来给自己购买衣服了。你还会发现自己还是停留在几年前的款式和风格上。所以，就像一位职业咨询顾问说的那样："如果你已经想不起来上次买新衣服是什么时候，那么说明你的形象已经被你忽略了。"而这造成的后果就是别人会认为你只是个操心的妈妈，而不是职业女性了。

职业丽人形象塑造

在职场中打拼的女性，要想使自己成为一个富有魅力的女人，首先就要从外在形象入手，优雅的举止，高品位的着装，得体的妆容，这些细节要素的合理运用，常常会令你在职场中有事半功倍的意外收获。

穿着对于职场女人来说十分重要，得体的穿着不仅仅是穿职业套装那么简单，它往往反映出一个人的品位。在重要场合，它还会成为你亮出的第一张名片。

那么，事业成功的女性如何提高着装品位、实现个人魅力呢？

■ 注意着装的四讲究

1.整洁平整

穿着的服装并不一定要高档华贵，但必须保持清洁，并仔细熨烫平整，这样穿起来就能使你显得大方得体、精神焕发。整洁并不完全是为了自己，更是尊重他人的需要，这是职业女性保持良好仪态的第一要务。

2.色彩技巧

不同色彩的服装会给人不同的感受，如深色或冷色调的服装让人产生视觉上的收缩感，显得庄重严肃；浅色或暖色调的服装会使人产生视觉上的扩张感，显得轻松活泼。因此，职业女性可以根据不同场合的需要进行色彩的选择和搭配，在不同的时间地点选择不同的色彩搭配来让你魅力倍增。

3.配套齐全

除了主体衣服之外，职业女性在鞋袜手套等小配件上的搭配也要多加注意。如袜子以透明近似肤色或与服装颜色协调为好，带有大花纹的袜子不能在重要场合穿。正式、庄重的场合不宜穿凉鞋或靴子，黑色皮鞋是适用最广的，可以和任何服装搭配。

4.饰物点缀

巧妙地选择、佩戴饰品能够起到画龙点睛的作用，但是佩戴的饰品要与所穿的服装搭配，也不宜过多，否则会分散别人的注意力，将别人的注意力吸引到你的佩饰上，反而疏忽了对你自身的关注。佩戴饰品时，应尽量选择同一色系，但最关键的还是要与你的整体服饰搭配统一。

■ 决定你穿着形象的几大因素

他人对你的第一印象，完全由你的打扮是不是能显示出职业的形象而定。因此，职业女性在考虑个人的穿着形象时一定要注意以下几点决定因素：

1.找出企业形象

任何一家公司都有其企业形象，因此对员工的穿着打扮也会有些成文或不成文的规定。如果你想要在公司里升迁，就一定要了解公司的要求。观察公司前辈的穿着，然后在装扮上和公司的要求保持一致。也许你认为中高级主管的装扮很土，但不要忘了你的品位并不代表公司的风格。尤其注意，不要随便批评中高级主管的打扮，小心你刻意张扬自己时髦的结果是换来一张下岗证书。

此外，要是无法确定公司在员工穿着上有何要求，最保险的方法就是穿着保守一点，尤其是初来乍到之时更应该如此，以免触犯禁忌而不自知。

2.配合企业风格

成功的职业女性都是花了许多时间才明白自己该具备什么样的着装风格。她们会选择典雅、流行的服饰，这样既不用担心年年换新衣，也不用烦恼穿着是否得体。

职业女性在选购衣服时要把握两点原则：第一，女性气质；第二，职场上，你必须在职业及女性两种角色里取得平衡，宁愿让人看起来觉得你是个精明的人，也不要让人说你是花瓶。

有些女性会仔细规划自己的着装，什么样的场合该穿什么样的衣服，都细心记录下来，以有所依循。甚至于还会排个轮值表，以免同一套衣服出现的次数过于频繁。

3. 向上司学习

一般来说，职业女性最好能以上司的穿着为榜样，先注意她穿些什么，再为自己购置衣服。努力地向顶头上司的风格学习，是博取上司信任的捷径，因为上司会以为你的价值观和生活态度与她的相同，对你的看法自然会比较有好感。当然也愿意给你更多的表现机会，如此一来，别人也会因此而更尊重你。换句话说，你想要获得什么样的职位，就该以那个职位该有的打扮出现，争取上级的印象分数。

但要注意的是，千万不要走火入魔，如果巴结的太过明显、招摇，会惹得其他同事讨厌和非议，反而让上司认为你的人际关系不好，并且在工作中会失去其他同事的支持，工作起来自然十分吃力，反而有碍发展。

因此，学习上司的穿衣风格并不是要你和上司穿情侣装，而是"模拟"上司的着装品位，例如，如果上司喜欢穿亚麻布料的西服外套和长裤，你也可以穿着同样面料和款式的套装，只是花色不同或将长裤改成短裙。

4. 换上优雅利落的套装

套装给人的印象是井然有序，所以，作为职业女性的你最好也能这么穿。至于颜色，当然还是以白、黑、褐、海蓝、灰色等基本色为主。若你嫌色彩过于单调，可以扎条领巾作为陪衬，或在套装内穿件亮眼质轻的上衣。当你脱下套装的外套时，丝质上衣显露出的高贵气质是其他质地的衣服所无法比拟的。冬天时，羊毛衫或丝质上衣和套装搭配起来也很好看。至于夏天，套装内配件时髦的 T 恤会是不错的选择。

此外，购买上班时的衣服最好是以基本样式为主，颜色也大多为海蓝、灰褐、黑色、乳白、白色，偶尔可以买一两件红色衣服。海蓝或黑色的休闲外衣是用途最广的，加件 T 恤就可以上班，周末配上牛仔裤，也可显出轻松休闲的气息。

5. 使他人分心的装束

(1) 衣服的颜色

如果衣服的颜色太过前卫,如鲜绿色、橙色等,会使他人分心,应尽量少穿,当然过于性感的装扮也不宜上班穿着。有些公司允许员工在周末穿着便装上班,男性可以不打领带,女性也可穿着裤装。当然,随你怎么穿都无所谓,但也别太过放肆。穿双拖鞋或穿件低胸服装上班就不太好了。

(2) 手提包

手提包的样式应该越简单、越典雅越好,至于大小,只要能放得下必备的东西即可。还要注意手提包的颜色要和鞋子搭配,最好是黑色、褐色、海蓝色等。

(3) 小饰品

做起事来会"叮咚"作响的耳环、手镯,千万不要戴。不要让人觉得你不够职业,或是你只是想来公司引起异性的注意。尽量让自己看起来是要到这儿上班,不是来招摇的。

(4) 鞋子

鞋子当然不用太过讲究,只要是包头、中低跟的鞋子就适合在办公室里穿。而凉鞋的休闲味道太浓,过于破旧的鞋子又嫌邋遢,应该尽量避免。当然鞋子的外观整洁很重要,舒适感也不能忽略。

■ 职业女性化妆技巧

对职业女性来说,花些心思在妆容上,可以帮你塑造一个典雅、干练、稳重的职业形象,这样不仅可以增添你在外形上的自信、带给你8小时的好心情,更可以帮你博取上司及同事的好感与信任——你永远都这么容光焕发,似乎再棘手的工作都难不倒你。

一个完美的办公室妆容,并不会花费你太多的时间,你只要学会一些实用的化妆技巧就可以了。

(1) 选择与肤色接近的粉底色。优质的粉底可以为你的妆容带来意想不到的效果,你应选择与肤色接近的粉底色,若粉底色太白,会有"浮"的感觉。粉底也不可涂抹太厚,可采用拍打的手法薄薄施上一层,注意发际与颈部要有自然的过渡,以免让人产生"面具"似的感觉。另外,应在营养霜完全吸收后再上粉底，以保证均匀的效果。

(2) 稍粗且眉峰稍锐的眉形，会让你显得精明又能干。高挑的细眉，很有女性柔媚的韵味，可是在办公室里，你最好选择稍粗且眉峰稍锐的眉形，如果你的眉毛比较杂乱或眉梢向下，可拔除杂毛，用小剪刀修剪出比较清晰的眉形，会让你的脸瞬间焕发出清新的神采。

(3) 利用口红弥补憔悴脸色。许多职业女性都有这样的化妆经验，因熬夜而苍白憔悴的脸，只需抹上一层口红就可以显得精神许多，所以许多女性即使平时不怎么化妆，手提包里也会有一支口红。粉色、橙色系口红在办公室里很受欢迎，而各种哑光沉暗的红、紫色以及亮光口红就不太适合办公室的工作气氛了。不用唇线的自然唇妆如今又成为时尚，在办公室里若不用唇线，则应用唇笔细心勾画出圆润清晰的唇形。

(4) 化妆的色彩组合重在协调。办公室妆容的色彩不能过分炫目，也不能含混模糊，应给人一种和谐、悦目的美感。以暖色调为主的色彩，如粉色及橙色系，能让你的肌肤显得健康而明快，很适合在办公室使用。妆容的色彩应是同色系的，如眼影与口红的色彩应该协调呼应。在办公室里眼线可以不用，但应避免用深色的下眼线，因为那会让你的妆容显得做作而生硬。

(5) 睫毛膏让你的眼睛焕发清亮神采。睫毛膏能让你的睫毛显得浓密而富有光泽，是塑造"剪水双瞳"的秘密武器。一种不用事先卷睫毛、刷上即卷的睫毛膏，很适合化妆时间有限的职业女性。以睫毛液强调眼睛中央的睫毛，会让你显得聪明、机灵且有知识；强调眼睛尾部睫毛，则可营造出深邃的有质感的眼神。

(6) 漂亮表情——完美化妆的最后一步。即使在严肃的工作场合，也不要把你的表情僵化。精致合宜的妆容配上单调无变化的表情，总让人觉得有些遗憾。你的表情应该显得轻松、机敏而生动，当然夸张的神情是应该避免的，过多的眼部运动会让你显得有些神经质，缺乏稳定性和承受力。而那种发自于内心的微笑，是不用花钱的最佳化妆品，微笑是一种令人愉悦、舒服、放松的表情，它能打破工作中产生的僵局，消除双方的戒备心理。只是，在强大的工作压力之下，仍能常常微笑的女性，在生活中永远都不够多。

职场压力调节法

对于职业女性来说，她们所面临的压力会比男性更多。尤其是如果你结了婚，有了孩子，你的压力就会更大。要应付这些压力，职业女性就必须具备良好的身体素质和健康的心态，还要有能力控制好情绪，为自己和他人增添能量。

缓解生活中和工作中的压力，对职场中的女性有着特别重要的意义。巧妙缓解、调节压力，能让你轻松度过每一天。

■ 从身体方面来调节压力

这方面主要强调的是持之以恒地运动，特别是做"有氧运动"。例如，游泳、跳绳、骑自行车、慢跑、急步行走与爬山等。这些运动不仅能够让血液循环系统运作更加顺畅，还能够强化心肺的功能，直接增强肾上腺素的分泌，让整个身体的免疫系统强大起来，从而以更健康的"体质"去应付生活和工作中随时可能出现的各种压力。

为什么洛克菲勒、卡耐基、拿破仑·希尔等超级富翁都酷爱运动？原因就在于此。事实上，身体肌肉的运动，能够让你全身心都得到松弛，并让你的大脑有一个适当的休息机会。只有强健的身体，才是成功的能源。所以，在工作之余，你不妨做些运动来调节一下身心的压力。

1．韵律呼吸法

最简单、最快捷的松弛方法就是适当地呼吸。精神病学家指出：当一个人精神紧张时，他就会不自觉地改变呼吸的方式，从而增加了压力的严重程度。下面教你一种韵律呼吸法：合上双眼，将精神集中于右鼻孔所呼出及吸进的空气，然后再集中左鼻孔的空气呼吸，每日反复数次，你会立即感到心平气和，富有韵律的轻松感觉就像浪涛拍岸。

2．有氧运动

有氧运动是消除压力最全面、有效的方法，无论哪种有氧运动都很有效，例如慢跑、骑自行车、跳舞等，都有异曲同工之妙，你甚至不用使自己汗流浃背，就能收到松弛的效果。

3. 彻底放松一段时间

对职业女性来说，必要的放松绝对重要。就一天而言，你可以在经过一上午的繁忙工作后，来一段小小的午休。当然躺在床上呼呼大睡的愿望有点奢侈，而且也没有必要。你可以靠在椅背上，把双脚稍稍垫高，在脸上盖一张报纸，既可挡光，又可告知同事：午休时间，请勿打扰。这样的午休只要一刻钟就可保证你有个精力充沛的下午。

4. 收拾凌乱的东西

当你的家或办公室乱得一团糟时，你的工作也可能会变得拖沓、无精打采，你要尝试用一张清单列出应优先处理的事情，并按部就班去处理，如将文件与杂物分开，按类归档，需要回复的信件马上回复，只需十几分钟，一切就会变得井井有条。周末逛逛街，和朋友小聚聊聊天，或放下手头一切工作，去遥远的地方做一次旅行，都会让你倍感放松。

■ 从心理方面来调节压力

心理学家视个人的情况而给予的个别指导和心理治疗，是个人应付压力的最佳方法。但他们也赞成利用有效的自助法来排除压力，例如正视压力、强调自己的成就、听音乐等。

1. 正视压力

(1) 首先认定自己是处于压力之下，然后把它冻结。

(2) 将你的注意力从起伏的情绪转移到你心胸的四周，将你的能量集中于此约 10 分钟。

(3) 回忆一些愉快而难忘的事。

(4) 让自己的心能更宽容体谅，凭直觉对抗压力。

(5) 聆听自己内心的想法，自会找出解决方法。

2. 学习说"不"

学习说"不"有时候比做 1 个小时健身来得有效，尤其是惯于逆来顺受的女性，更应学会对自己不喜欢的事做出适当的拒绝，起初也许会感到不习惯，但结果会是相当理想的。

3. 强调自己的成就

正面而积极的心态也可减低紧张的程度。与其常常想着令自己不快的事，不如想想自己已取得的成就，同时别忘了称赞自己。

4. 用音乐调节情绪

听音乐也是一种能有效消耗身体能量、调节压力和改善情绪低落的方法。很多种音乐都可以缓解压力，选择的准则便要视个人喜好了。

5. 倾诉

密友对于女性来说，当然不可或缺，闲暇时可以和好朋友相互交流工作心得、家庭琐事以及生活中的种种问题。很多的烦恼或担忧，只要说出来往往心情就好了一大半。当然，倾诉对象也可能是难得的"蓝颜知己"，如果是年长许多的"忘年交"，那就更难得了，可以从对方那里得到很多宝贵的经验。

自测：由钥匙解读你的职业现状

一把钥匙掉落在水池附近，当你在寻找它时，请运用个人的想象力，猜想它是下列哪种材料制成。不要思考，直接选一种答案：

A. 铁

B. 木

C. 金

D. 银

E. 铜

解　析：

A. 你是一个非常现实的人。很少做无谓的空想，用常人的思维方式思考和处理问题，与周围的人相处得很和谐，不惹是生非。但现在的你可能正处于人生低潮。

B. 你的内心似乎暗藏着对现实生活的不满，或者是觉得非常疲倦。感觉做任何事都比较麻烦，缺乏尝试新事物的冲劲，现在的你正渴望依附在强人身上。

C．你现在的事业非常旺盛，在你的周围充满着意外的机会，可以使你实现梦想，得到收获。而且新事物也会接连不断带给你好运。

D．你面对问题仔细思考后，可以马上做出反应。是运用智慧找出合理解决方案的人。你在接受对方的意见时态度非常谨慎，因此面对对方的求婚或是向对方示爱，目前是最适当的时机。此外你的财运也非常强盛，有致富的可能性。

E．你是超级的自信家。能力突出可以利落地处理事情。但是面对讨厌的东西时，即使是上司或长辈的叮咛、命令也都充耳不闻，因为你认为自己才是最主要的。你似乎可以兼顾得很好。目前正是你放手一搏，尝试新事物的最好时机。